聚磷腈基核壳结构衍生的纳米催化剂

朱亚楠 著

中国石化出版社
·北京·

图书在版编目(CIP)数据

聚磷腈基核壳结构衍生的纳米催化剂/朱亚楠著. —北京：
中国石化出版社，2023.8
ISBN 978-7-5114-7236-6

Ⅰ.①聚… Ⅱ.①朱… Ⅲ.①高分子材料-纳米材料
Ⅳ.①TB383

中国国家版本馆 CIP 数据核字(2023)第 165638 号

中国石化出版社出版发行
地址:北京市东城区安定门外大街 58 号
邮编:100011 电话:(010)57512500
发行部电话:(010)57512575
http://www.sinopec-press.com
E-mail:press@sinopec.com
北京艾普海德印刷有限公司印刷
全国各地新华书店经销
*
710 毫米×1000 毫米 16 开本 9.25 印张 154 千字
2023 年 12 月第 1 版 2023 年 12 月第 1 次印刷
定价：68.00 元

前　言

催化是自然界中普遍存在的一种现象，在人类的生产和生活中发挥着重要的作用。早在几千年前，人类就已经学会用酒曲的催化作用酿酒。中世纪以后，随着科学的发展和大量的催化现象的发现，科学家们逐渐提出与催化相关的概念与规律。目前，已经明确，催化是一种由催化剂参与的改变化学反应速率而不影响化学平衡的作用。其中，多相催化作为主要的分支，参与了工业上80%的化学品的合成，其重要地位不言而喻。现代纳米科学技术的发展推动了纳米催化剂的诞生。它因具有丰富的形貌结构、高的比表面积、灵活的修饰性和独特的尺寸效应等优点，表现出优于传统催化剂的性能。核壳结构作为一种重要的纳米结构，一方面可以提高催化剂的活性、选择性、稳定性，另一方面为功能催化剂的设计制备提供了更多的可能。聚磷腈 PZS 是一种由六氯三聚磷腈和双酚 S 聚合而成的无机－有机杂化材料，其主链上氮、磷原子通过单、双键交替排列，侧链上含有苯环、砜基等基团，可以通过多种驱动力包覆在多种客体材料表面形成核壳结构。利用壳体材料与 PZS 壳层的相互作用，可以实现一系列纳米功能催化剂的构筑。

本书以聚磷腈 PZS 核壳结构衍生的纳米催化剂为主题，共分为五章。第一章介绍了催化发展简史与基本理论、纳米催化剂的特点与制备、核壳结构的构筑。第二章介绍了聚磷腈的性质、制备与应用。第三章介绍了 PZS 基核壳结构的构筑、表征、溶剂效应与包覆机制。第四章介绍了杂原子掺杂碳材料的分类、g－C_3N_4@PZS 核壳结构衍生氮磷硫共掺杂碳纳米片的制备方法、表征结果和催化性能。第五章介绍过渡金属磷化物、MIL－88B－NH_2@PZS 核壳结构衍生碳包覆磷化铁的制备方法、表征结果和催化性能。

感谢西安石油大学优秀学术著作出版基金的资助，感谢陕西省自然科学基础研究计划（2022JQ－115）的资助。

由于著者学识有限，书中难免有疏漏之处，敬请专家和广大读者批评指正。

目　　录

1　绪论

1.1　引言

催化是一种古老而神奇的自然现象，且与人类的生活息息相关。例如，自然界中，绿色植物吸收光能，在叶绿体上发生光合作用，将二氧化碳和水转化为有机物，同时释放氧气，维持大气平衡，为人类的生存和发展提供基本条件，而这种光合作用的顺利进行离不开磷酸核酮糖激酶、甘油醛－3－磷酸脱氢酶等多种酶的催化作用。

人类历史上最早的催化过程就是酿酒。根据考古学家的发现，公元前7000～前5000年，人类就已经学会酿制葡萄酒，不仅丰富了生活方式，还成为文化瑰宝的一部分，如西晋文学家陆机在《饮酒乐》中写道“葡萄四时芳醇，琉璃千钟旧宾”，唐朝诗人王翰在《凉州词》中写道“葡萄美酒夜光杯，欲饮琵琶马上催”，宋代词人陆游在《对酒戏咏》中写道“浅倾西国葡萄酒，小嚼南州豆蔻花”。从原理上来说，一串串葡萄酿制成美酒的过程离不开其表皮野生酵母的助攻，而现代科学已表明酵母中含有大量的生物酶，可以将葡萄中的糖分催化、转化为酒精。

进入20世纪，化学领域的繁荣发展极大地改变了我们的生活。其中，催化作为化学里的一个重要分支，更在食品、农业、制药、石化、材料、能源和环保等领域发挥着决定性作用。例如，面包、果品、纺织加工业离不开淀粉酶、纤维素酶等生物催化剂；农作物所需的氮肥离不开合成氨催化剂；石油转化为甲烷、柴油、汽油时离不开分子筛等催化剂；日化行业的塑料制品离不开聚烯烃催化剂；被誉为“第四种发电技术”的燃料电池离不开铂合金等催化剂；汽车尾气的治理离不开贵金属、稀土等催化剂。可以说，超过80%的化学品在其转化的过程中至少有一个阶段涉及催化过程。催化为原料转化为有价值的化学品提供了一种可持续、经济高效的途径，成为解决目前全球范围内能源和环境危机的关键。因此，现代社会的长久、可持续发展离不开催化，甚至可以毫不夸张地说，催化领域的每一次重大突破，都意味着人们的生产、生活方式将发生重大改变。

1.2 催化概念的提出与发展

虽然自然界和人类生活中早就开始利用天然的催化过程，但是受限于落后的科技水平，科学家们经历了很长的时间才认识到催化这一现象的存在。早期的催化过程利用的都是天然的生物酶，直到 1552 年，德国的植物学家兼药剂师 Valerius Cordus 使用硫酸将醇转化为酯，人类历史上第一个无机催化剂才诞生。但是，当时欧洲处于炼金术大流行时期，化学家们(即早期的炼金术士)大多热衷于寻找将贱金属转化为贵金属的良方，对很多化学反应的认识具有局限性，并没有把以上醇转化为酯的催化过程作为一种化学现象看待，随着物质守恒定律的发展，单纯的化学反应和催化反应的区分才得以实现。

1.2.1 18 世纪末的发现

1794 年，苏格兰化学家 Elizabeth Fulhame 在《关于燃烧学的论文》一书中提到木炭在潮湿时燃烧得更充分。经过多次实验之后，Fulhame 发现在微量水存在的情况下，木炭在空气中燃烧时碳不再如拉瓦锡所假设的那样与空气中的氧结合，而是与水中的氧结合生成二氧化碳，随后水分解释放出的氢气与空气中的氧气结合重新生成水，并且生成量与分解前的水量相等。整个过程可表示如下：

$$C + 2H_2O \longrightarrow CO_2 + 2H_2$$

$$2H_2 + O_2 \longrightarrow 2H_2O$$

由此可以看到，水以一种特殊的方式促进了木炭的燃烧。同时，Fulhame 发现金属被还原的难易程度取决于湿度。将一块白色丝绸浸入金属盐溶液中，拿出来在空气中干燥，然后用氢气处理，丝绸没有发生任何变化。但是将浸渍过的丝绸在潮湿状态下直接暴露于氢气中时，丝绸的颜色发生变化，表面被金属膜覆盖。Fulhame 意识到水是促进这一过程所必需的，水可以促使反应在室温下发生而不需要高温熔炼。提出了水分解成离子形式促进中间反应并在金属还原结束时

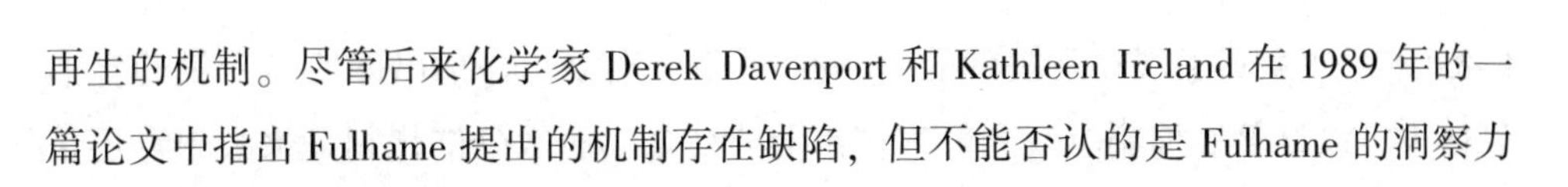

再生的机制。尽管后来化学家 Derek Davenport 和 Kathleen Ireland 在 1989 年的一篇论文中指出 Fulhame 提出的机制存在缺陷，但不能否认的是 Fulhame 的洞察力领先于她所处的那个时代。可以说，她是第一个提出催化的基本特征的人。

1.2.2 19 世纪初的发现

1811 年，德国化学家 Kirchhoff 发现淀粉在稀酸溶液中加热时可以转化为糖类，而酸本身不会发生任何变化。反应结束后，用碱处理所得溶液即可回收所有使用的酸。1817 年，英国化学家 Humphry Davy 在研制采矿安全灯的时候发现可燃气体与氧气混合时如果暴露在加热的铂丝或者钯丝中，即使低于点火温度，混合气体也可能会发生爆炸，但是当灯丝为铜、银、铁、金或锌时，混合气体却不会发生爆炸。利用这一现象发明的安全灯极大地提高了采矿业的安全性，同时也被认为是第一个明确表明两种气态反应物之间的化学反应可以发生在金属表面而金属不会发生化学变化的证据。1818 年，法国化学家 Thenard 发现过氧化氢有可能在酸性环境中稳定存在，但是遇水则会分解。此外，贵金属的加入会影响过氧化氢的分解速度，并且与其加入量有关。1820 年，英国化学家 Edmund Davy 发现铂存在时酒精蒸气很容易被氧化为乙酸。1821 年，德国化学家 Johann Wolfgang Döbereiner 重复 Edmund Davy 的上述实验时，发现铂在反应的前后并没有发生变化。1822 年，Döbereiner 又发现在海绵状的铂表面，氢气和氧气即使在室温下也可以结合燃烧，使得铂丝快速变炽热。受这一结果启发，1823 年法国物理学家和化学家 Pierre Louis Dulong 等研究了一系列铂之外的材料，发现金、银、钯、铱等贵金属也可以在室温下促进氢气的燃烧，并且活性与金属的种类有关。1825 年，英国化学家 William Henry 首次研究了铂催化剂的失活。发现当硫化氢、二硫化碳等物质存在时，氢气在铂表面的燃烧受到抑制。此外，不同于氢气和一氧化碳，铂促进甲烷和乙烯燃烧的能力有限。基于这些发现，Henry 根据可燃气体在铂催化剂上的反应性，开发了分离和分析可燃气体的模型。1834 年，英国物理学家和化学家 Faraday 基于固体铂上氢气与氧气能在较低温度下发生反应的现象，结合光伏电池中铂电极上的实验结果，发表了一篇关于氢气和氧气在铂箔上反应的文章。认为铂本身并不能使氢气和氧气结合，而是把二者紧密地吸引到其周围，促使氢气和氧气在其表面聚集而相互接近，从而导致反应的发生。此外，

Faraday 还注意到了现在常提到的“催化剂中毒”现象，并指出即使是少量的含油气体也可以显著地抑制氢气和氧气在铂上的结合，而区分催化剂是永久中毒还是临时中毒的标志就是看催化剂是否可以通过再生恢复原有的性能。1834 年，德国化学家 Eilhard Mitscherlich 研究证实稀硫酸存在时蒸馏乙醇可以获得乙醚，而且仅需少量的硫酸就可以转化大量的乙醇。认为在这种情况下硫酸充当了乙醇的脱水剂。根据这一观察，Mitscherlich 提出“接触”理论，即有些化学反应只有在某些其他物质存在的情况下才能发生，如酿酒时糖只有接触到酵母才会进行发酵过程。这一理论实际上就是后来 Berzelius 催化剂理论的前身。

1.2.3 催化概念的正式提出——Berzelius 催化剂理论

前文中已提及，酸促进淀粉转化为糖、酸促进醇转化为醚、贵金属促进过氧化氢分解、铂促进乙醇氧化为乙酸、铂加速氢气的燃烧等均有一个共同特征：引起物质转化的外源物质本身不参与形成新的化合物，而是通过一种内部动力进行作用，自身保持不变。当时的科学家并不知道如何解释这一内部动力。1835 年，瑞典化学家 Jöns Jakob Berzelius 总结了前人的研究，在提交给斯德哥尔摩科学院的年度报告中首次提出“催化”这一概念，相关的解释开始清晰明了起来。Berzelius 在报告中写道：“这种能力从一种特殊的性质延伸到物质在不同程度上具有的更普遍的性质。可以肯定的是，一种物质，无论是单质还是化合物，也无论是固体形式还是溶液形式，都拥有对其他化合物产生作用的特性。这种作用不同于普通的化学亲和作用，因为它们可以促进所影响的物质转化为其他状态，而自身组成部分不必参与这个过程。这是一种在自然界普遍存在的能够产生化学活性的新力量，也是一种独立于物质电化学性质的能力，称为催化力，其他物质在这种力作用下分解称为催化。催化可以使化合物中的元素以另一种方式重新排列实现更大程度的电化学中性。”

1843 年，Berzelius 又在他的电化学二元论(即化合物都是由两种电性质不同的组分构成，后被推翻)框架内解释了“催化力”，认为催化力主要通过使原子的极性增加或减少而发挥作用。可以说，Berzelius 的这些见解开启了催化理论的新纪元。

1.2.4 催化理论的发展

Berzelius 提出的催化理论具有开创性意义，不过这一时期对催化的理解仍以经验为主，缺乏深入的证据支撑。德国化学家 Justus von Liebig 曾多次批评 Berzelius，认为他只不过是通过新名词创造出一种新的作用力，并不能解释化学现象。那么，增强对化学反应的认识从而更好地理解催化就显得至关重要。

1850 年，德国物理学家 Ludwig Wilhelmy 在研究酸性条件下蔗糖的水解时，发现反应速率与蔗糖和酸的浓度成正比。这是科学家首次明确定义化学反应速率，构成了化学动力学的基础，也是认识催化作用的前提。1851 年，英国化学家 Alexander William Williamson 在使用硫酸催化乙醇和卤代烷制备醚的时候发现醚很容易重新转化为醇。受此现象启发，1862 年法国化学家 Marcelin Berthelot 和 Saint – Gilles 研究证实醇的醚化反应实际上是可逆反应，并且反应速率与硫酸的浓度成正比。1864 年，挪威化学家 Cato Guldberg 和 Peter Waage 明确提出质量作用定律，即化学反应(准确来说应为基元反应)速率取决于反应物的有效质量(也就是浓度)和一个由实验决定的常数。后来荷兰化学家 Van't Hoff 指出这个常数为速率常数，直接反映化学反应进行的快慢。1877 年，法国化学家 Georges Lemoine 发现使用催化剂时，化学反应可以更快地达到平衡状态，且平衡的位置不会发生改变。这一观点后来得到德国物理学家和化学家 Wilhelm Ostwald 的完善，明确指出催化剂不能诱导化学变化，也不能影响反应物和生成物的热力学平衡，只能加速或者延缓反应的发生。此外，Wilhelm Ostwald 还指出在研究催化剂的作用时，需要考虑中间反应理论，也就是说虽然催化剂不直接参与反应，但是在反应的某个过程可能作为主要的组成部分参与其中。这一观点在 1935 年因美国理论化学家 Henry Eyring 提出的过渡态理论而得到完美印证。这时，科学家们才更清楚地意识到催化剂实质上是通过改变化学反应所需要的活化能而发挥作用。

1.3 催化剂

1.3.1 催化剂的定义与特征

前文中介绍了催化概念的提出与发展。早期科学家们认为能提高反应速率的催化剂叫正催化剂，如合成氨工业中的铁触媒、硫酸工业中的 V_2O_5、聚烯烃工业中的 Ziegler – Natta 催化剂等；能降低反应速率的催化剂叫负催化剂，如橡胶工业中的防老剂、金属防腐中的缓蚀剂等。1981年，国际纯粹与应用化学联合会(IUPAC)认为负催化剂的叫法并不科学，而是应称为抑制剂，建议废止。至此可以对催化剂下一个明确的定义，即能提高反应速率而不改变化学平衡，并且自身的质量和化学性质在反应前后不发生变化的物质。从本质上来说，催化剂并不是直接使反应速率加快，而是开辟了一种全新的反应路径，创造了一个或多个过渡态，降低反应的活化能，从而使化学反应更高效、更快地发生，那么也就可以理解为什么负催化剂的叫法不科学了，因为如果加入的催化剂能降低反应速率，也就意味着创造了一条活化能更高的反应路径，那么反应自然而然不会选取这条路径，而会经历原先的活化能较低的反应路径，从逻辑上来说负催化剂也就不存在了。

1.3.2 催化剂的分类

催化剂的分类方式有很多种，按照反应体系划分，催化剂可以分为三类：均相催化剂、多相催化剂和生物催化剂。

(1)均相催化剂指的是在反应过程中与反应物和产物处于同一相中的催化剂，包括气相均相催化剂和液相均相催化剂，如用于热分解反应的NO、可溶性有机金属络合物、液态酸碱催化剂等。其优点是催化剂活性中心均一，具有高的活性和选择性，反应条件比较温和，反应机理相对明确；缺点是热稳定性低，难于分离、回收和再生。

(2)多相催化剂指的是在反应过程中与反应物和产物处于不同相中的催化剂，通常为固体，典型的有分子筛、碳材料、金属－有机框架化合物、金属氧化物等，可以应用于气－固两相界面，也可以应用于液－固两相界面。其优点是热稳定性高，如中国科学院大连化物所研制的铜基催化剂可以在高温(550～800℃)CO_2加氢反应条件下连续稳定运行700h而未见颗粒长大；可以通过离心、抽滤等方式从反应体系中分离出来，极大地简化了后处理工艺，有效地减少了对产物的污染；很大一部分多相催化剂回收后经过活化可以再利用，有的甚至无须活化就可以循环使用，有效地降低了生产成本。其缺点是活性中心无法完全暴露，反应活性不如均相催化剂，特别是在手性催化反应中，多相催化剂对于手性分子的选择性控制远不如均相催化剂，并且难以在分子水平上解释反应机理。

(3)生物催化剂比较特殊，是一种介于均相催化剂和多相催化剂之间的催化

剂。通常生物催化剂指的是活细胞中具有催化功能的蛋白质，也就是酶。但是一些具有催化功能的DNA或者RNA也属于生物催化剂的范畴。生物催化剂最大的优点是具有高活性和高选择性，其在一秒之内可以完成1000个催化循环过程，将特定的底物转化为特定的产物，这在药物合成、食品工业、香料等领域具有重要的意义；缺点是容易失活，无法在苛刻的反应条件下发挥催化作用。

1.3.3 多相催化过程

多相催化反应是在固体催化剂表面进行的多步骤过程，可能涉及多种中间体和多种反应途径。如图1－1所示，一个典型的多相催化反应大致可以分为5个步骤。

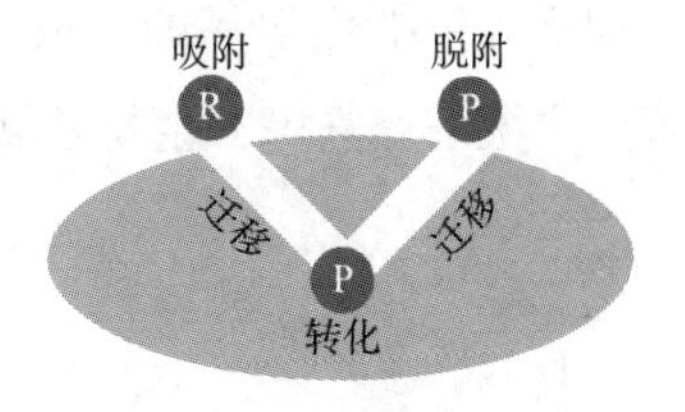

图1－1 多相催化过程

(1)两相界面处的反应物(R)吸附在催化剂的外表面(吸附)。

(2)反应物迁移到催化剂的活性中心(物理扩散)。

(3)反应物在活性中心上发生化学键的断裂与重组，转化为产物(P)(化学转化)。

(4)产物从活性中心迁移到催化剂的外表面(物理扩散)。

(5)产物从催化剂外表面脱附，扩散到反应体系中(脱附)。

1.4 纳米催化剂

1.4.1 纳米催化剂的特点

近几十年来，纳米科学和技术的发展推动了纳米催化的诞生。纳米催化是催化领域最重要的分支之一。纳米催化剂是纳米催化的核心。所谓纳米催化剂，指的就是使用纳米材料作为催化剂，这有两方面的含义：①纳米尺度的催化剂，即催化剂本身的尺寸处于纳米尺度(1～100nm)，如超精细的金属纳米颗粒、金属纳米簇、碳量子点、氧化石墨烯等；②纳米结构的催化剂，即催化剂本身的尺寸不处于纳米尺度，但是催化剂中含有纳米尺度的孔结构、界面结构或者作为载体负载有纳米颗粒等。

纳米催化剂像一座桥梁(图1－2)，克服了均相催化剂和多相催化剂的部分缺陷，使催化体系兼具二者的优势，主要表现在：①活性高，从而避免了剧烈的反应条件，提高能量利用效率；②选择性高，反应物可以按照特定的方式发生化学反应，副产物的生成减少，提高原子利用效率；③较稳定，可方便地从反应体系中分离出来再利用。得益于这些优异的特征，目前纳米催化剂已在催化领域得到广泛的应用，如能源领域中石油的催化裂化、生物质制柴油、甲醇制烯烃、水分解制氢、燃料电池中氧气还原等，化工领域中香料、染料、农药、医药、食品添加剂等精细化学品的合成，环境领域中汽车尾气的净化、污水中有机物的降解、土壤的修复等，生物领域中生物传感器的构建等。

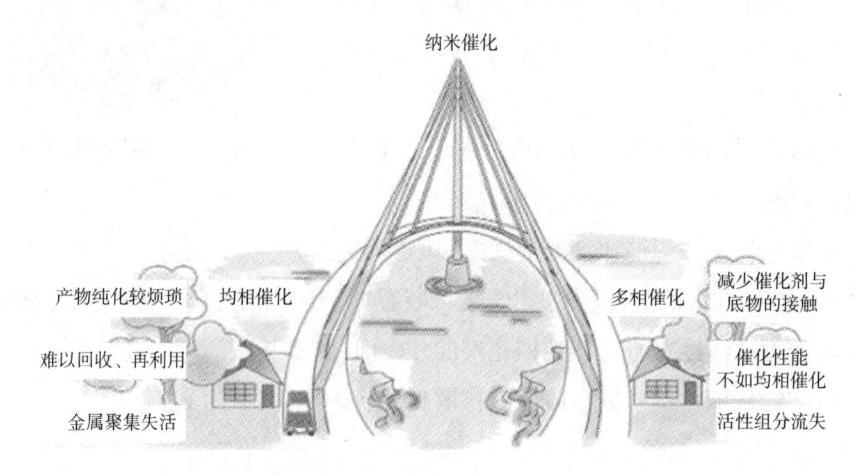

图1－2 纳米催化连接均相催化和多相催化

1.4.2 纳米催化剂的设计要素

纳米催化剂的催化性能与其自身的物理化学特征息息相关。设计合成纳米催化剂时，通常要考虑到以下几个方面的因素。

(1)组分。组分是纳米催化剂的组成部分，以活性组分为主，还可能包含助催化剂和载体等，其中活性组分可以是金属单质、金属氧化物、金属氮化物、碳、酶等。组分对纳米催化剂的性能起到决定性作用。对于合金型纳米催化剂，可以通过优化各金属的比例，获得最佳的催化活性和选择性。例如，Liu等制备了活性炭负载的PdPb双金属催化剂，Pd和Pb的摩尔比分别是1：1、1：2、1：3和2：1，催化测试表明当Pd/Pb为1：2时，该双金属催化剂对苯乙炔半加氢的催化效果最好，转化率和选择性分别为97%、98%。

(2)尺寸。尺寸对纳米催化剂的性能具有重要的影响。当纳米催化剂的尺寸控制在一定范围时，随着催化剂尺寸的减小，催化剂的比表面积增大，可以暴露出来更多的活性位点，催化剂的表面能也随之增大，这将有利于反应物的吸附，促进反应的发生，从而提高催化活性。但是要注意的是，催化剂的尺寸并不是越小越好，因为尺寸过小时，催化剂的晶格畸变严重，表面能过高，活性位点容易析出或者聚集，这将导致催化剂性能降低。

(3)形貌。纳米催化剂的形貌指的是催化剂的外部形态和结构特征，包含催化剂的形状、尺寸、立体结构、晶面结构和界面结构等信息，对于催化剂的活性、选择性和稳定性有着重要的影响。例如，碳材料的形貌可以是零维的碳量子点、一维的碳纳米管、二维的石墨烯，还可以是三维的多孔碳。不同形貌的碳材料的尺寸、比表面积、孔道结构、活性位点数量等性质均不同，自然对催化效率的影响也不同。具有不同形貌的贵金属或者金属氧化物纳米颗粒，所暴露出来的晶面也不同。如 Shen 等发现 CeO_2 纳米颗粒主要暴露(111)晶面，而 CeO_2 纳米棒和纳米线主要暴露(110)和(100)晶面，这两种晶面拥有更高的储氧能力，在 CO 的催化氧化中表现出更高的活性。

(4)载体。对于负载型催化剂来说，活性金属与催化剂载体之间的相互作用非常重要。载体的类型不同，与活性金属之间的作用强度和作用类型则不同，对金属中心电子结构的调控也不同，从而对催化性能产生不同的影响。如 Freddy Kleitz 等研究发现，当分别使用介孔碳 CMK－1 和介孔二氧化硅球 MCM－48 作为载体负载 CuNi 合金时，CuNi/MCM－48 催化氨硼烷水解和水合肼分解的效果远低于 CuNi/CMK－1 的，这是由于 Ni 与 MCM－48 之间存在强的 Ni－SiO_2 相互作用，抑制了 Cu 和 Ni 之间的协同催化。

1.4.3　纳米催化剂的制备方法

纳米催化剂常用的制备方法主要有沉淀法、水/溶剂热法、溶胶－凝胶法、静电纺丝法、化学气相沉积法、原子层沉积法等。

(1)沉淀法。沉淀法是制备金属化合物最简单也是最常用的方法，指的是在含有金属离子的可溶性溶液中添加氢氧化钠、氨水、碳酸铵等沉降剂使金属离子形成沉淀从而析出。沉淀过程受金属离子的种类与浓度、沉淀剂、溶液 pH 值、温度等因素的影响。沉淀法可分为直接沉淀法、共沉淀法和均相沉淀法。在直接沉淀法中，溶液中仅存在一种金属阳离子。在共沉淀法中，溶液中同时存在两种或两种以上的金属阳离子。均相沉淀法是对传统沉淀法的优化，不直接加入沉淀剂，而是借助尿素、甲酰胺等在溶液中发生的化学反应缓慢而均匀地释放出沉淀所需的离子，从而更好地控制沉淀的生成。

(2)水/溶剂热法。水热法是通过模拟自然界中某些矿石的形成过程而发展起来的一种制备方法，近年来已被广泛地应用于各种结晶性化合物的合成。水热法需要在特殊的密闭反应容器中进行，使用水溶液作为反应体系，通过加热反应体系并对其加压或者利用反应体系自身产生的蒸汽压以创造高温高压的反应环境。溶剂热法是在水热法的基础上发展而来的，与水热法不同的是，它以有机溶剂为反应体系。水/溶剂热法可以溶解并重结晶在正常条件下难溶或不溶的物质，有利于生成纯度高、结晶性好的纳米材料，并且可以通过改变水/溶剂热反应的温度、时间、pH 值等条件调控产物的形貌。

(3)溶胶－凝胶法。溶胶是 1～1000nm 的胶体粒子形成的分散体系，凝胶是具有固体特征的胶体体系，分散相形成三维网络结构，空隙中充满液体或气体的分散质。溶胶－凝胶法是指溶液中含有活性组分的液相前驱体通过水解、缩合等过程转化为溶胶，然后进一步缩聚形成凝胶，最后经过干燥(必要的时候需要煅烧)获得目标产物。早期溶胶－凝胶法常以金属烷基氧化物，如正硅酸四乙酯、钛酸四丁酯、异丙醇铝、异丙醇锆等合成 SiO_2、TiO_2、Al_2O_3、ZrO_2 等氧化物。随着合成化学的发展，溶胶－凝胶法也可以被用来合成金属单质、合金、金属氮碳化合物等纳米材料。

(4)静电纺丝法。静电纺丝又叫电纺丝，简称电纺，是一种利用液相前驱体在强电场作用下形成泰勒锥喷射流进行纺丝加工的技术，常用来制备纤维状纳米材料。静电纺丝的基本装置包括带有针头的毛细管或者注射器、接收器和高压电源，纺丝的模式包括点－板、线－板、板－板、多喷头、无喷头、近场、同轴和离心静电纺丝。静电纺丝的首要前提是纺丝溶液的配置，常用的溶质包括聚酰胺、聚乙烯醇、聚丙烯腈、聚氨酯、聚乳酸等高聚物，常用的溶剂包括乙醇、N，N－二甲基甲酰胺、二甲基亚砜、水等。当 MnO_2、WO_3、RuO_2、Fe_2O_3、

ZIF－67等金属化合物掺入高聚物的纺丝溶液时，可制备、得到嵌有金属纳米颗粒的复合纳米纤维。电纺过程中溶液的浓度黏度和电导率、喷射口与接收器之间的距离、注射器的推进速度、环境里的温度和湿度、电压等因素均会影响目标纳米纤维的直径与均匀性。

(5)化学气相沉积法。化学气相沉积法是近些年发展起来的一种制备技术，常用来制备石墨烯、碳纳米管、氮化硼、二维过渡金属硫化物、有机/无机薄膜等材料。其是利用气态物质在固体表面进行化学反应从而生成固态沉积物的过程，一般包括气态物质的产生、气态物质输运到沉积区和在沉积区发生化学反应生成固态产物三个步骤。诸如前驱体、基底、温度、腔室压力、载气流量等因素均可能影响沉积过程中的传质传热、界面反应过程，从而影响材料的生长。因此，可以通过合理设计与精细调控 CVD 过程来控制目标产物的形貌、尺寸、物相等特征。

(6)原子层沉积法。原子层沉积法最早由芬兰科学家 Tuomo Suntola 提出，是化学气相沉积法的一种，是通过将气相前驱体交替脉冲通入反应室在基底表面发生气固相反应生长薄膜的一种方法。也是目前最先进的表面包覆技术，最初主要用于制备半导体薄膜。随着材料科学的发展，原子层沉积法也开始被用于制备纳米催化剂，包括金属单质、金属氧化物、金属硫化物、金属氮化物等。利用原子层沉积法，可在原子尺度控制材料的生长，既能在多孔、复杂基底上沉积尺度均一的纳米薄膜或颗粒，也能构筑各类纳米结构并精确调控材料的尺寸、组成、厚度、晶面等性质，提高催化剂的活性、选择性和稳定性。如南京大学 Chen 等通过原子层沉积法精确地将尺寸可调的 Pt 纳米簇沉积在六方形 Al_2O_3 的(110)晶面或者棒状 Al_2O_3 上。研究发现，当超精细的 Pt 纳米簇位于 Al_2O_3 的(110)晶面时，二者之间的协同作用对 Pt 纳米簇的电子结构和局部几何结构有显著影响，可在 CO 的低温氧化和甲酸分解中表现出高的催化活性。

1.5 核壳结构

1.5.1 核壳结构简介

近年来，纳米技术的快速发展使研究者们有能力合成具有特定结构的纳米材料，其中最典型的是核壳结构。具有核壳结构的纳米材料一般由中心的纳米颗粒和包覆在其表面的壳层材料所组成，二者之间可以是物理连接也可以是化学连接。从内核和外壳的成分上来说，核壳结构纳米材料可以是无机－无机型，也可以是无机－有机型，还可以是有机－有机型。从结构上来说，核壳结构纳米材料种类丰富。图1－3是不同类型的核壳结构纳米材料的示意图。从图1－3中可以看到，核壳结构纳米材料的内核可以是实心的，也可以是空心的；内核可以是单一纳米粒子，也可以是多个纳米粒子的聚集体；外壳可以是具有连续结构的壳层，也可以是由纳米粒子组成的非连续的壳层，还可以是多元的壳层。在纳米催化领域，研究者们面临的一个最大挑战是如何构筑具有高活性、高选择性、使用寿命长的催化剂。从某种程度上来说，核壳结构纳米材料可以通过在纳米尺度上结合内核和外壳的功能，并提供新的活性界面以及不同组分之间的协同作用以改善材料的物理和化学性能，从而获得优异的催化性能。

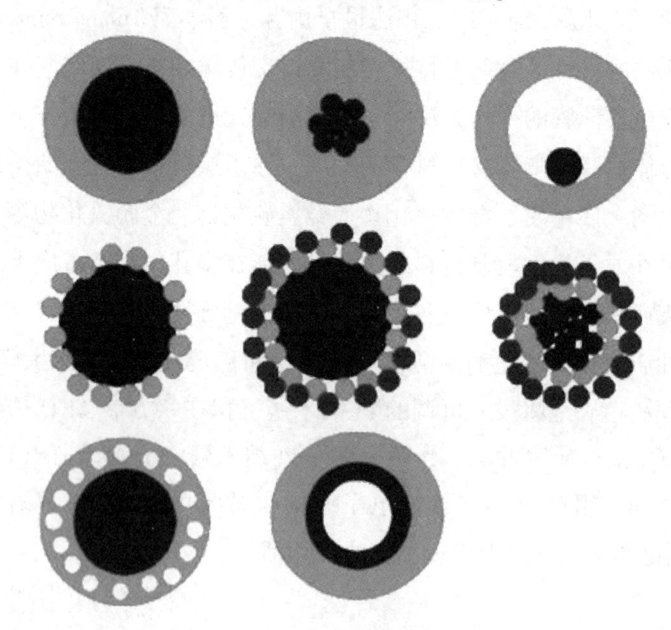

图1－3　不同类型的核壳结构

1.5.2　核壳结构的构筑方法

纳米材料的核壳结构通常采用自下而上(bottom－up)的策略构筑，即先合成较小的结构单元然后将其组装成较复杂的结构体系，分为三种类型：①同步构筑——内核和外壳材料同时形成；②连续构筑——先形成内核材料，然后在表面生长外壳材料；③置换构筑——通过内壳金属材料表面发生置换反应构筑外壳材料。常用的制备方法，主要有以下几种。

1.5.2.1 Stöber 方法

Stöber 方法是一种非常成熟的方法，主要用来制备以二氧化硅为壳的纳米核壳结构，通常以原硅酸四乙酯作为硅源，在碱性溶液或者乙醇溶液中发生水解、缩聚，从而形成二氧化硅壳。通过对金属前驱体、还原剂和表面活性剂的优化，研究者们制备了一系列金属－二氧化硅核壳结构，如 $Au@SiO_2$、$Pd@SiO_2$、$Ag@SiO_2$、$Cu@SiO_2$ 等。这种水解－缩聚的方法还可以拓展到其他的氧化物壳层材料，如 ZnO、TiO_2 等。Liu 等将 Au 纳米颗粒分散在含有 TiF_4 的水溶液中，TiF_4 作为钛源发生水解，形成了 $Au@TiO_2$ 核壳结构。将此材料进一步水热，发生 Ostwald 熟化，制备了 $Au@TiO_2$ 中空核壳结构。Grela 等以 $AgNO_3$、$Zn(CH_3COO)_2$ 为原料，在 N，N－二甲基甲酰胺(DMF)溶液中，制备了 Ag@ZnO。在该方法中，DMF 不仅可以充当 Ag^+ 的还原剂，还可以提供碱性环境，促进 $Zn(CH_3COO)_2$ 在室温下的水解，从而生成 ZnO，包覆在 Ag 纳米颗粒的表面。

1.5.2.2 原位生长法

近年来，越来越多的研究者开始关注金属－有机框架化合物(MOF)衍生的核壳结构。沸石咪唑骨架材料(Zeolitic Imidazolate Frameworks，简称 ZIFs)是一种新型的多孔材料，具有与沸石相似的三维拓扑结构，并且含有丰富的金属原子、碳原子和氮原子配体，因此，很适合作为前驱体制备多种纳米结构材料。ZIF－67 和 ZIF－8 是典型的 ZIFs 系列材料，所使用的配体都是 2－甲基咪唑，不同的是 ZIF－67 中含有的金属离子是 Co，而 ZIF－8 中含有的金属离子是 Zn。当金属离子与 2－甲基咪唑中的氮原子配位形成金属－有机框架化合物时，ZIFs 表面仍有一些配位不饱和的氮原子，因此，有希望在其表面原位生长 ZIFs，形成核壳结构。2018 年，华南理工大学李映伟课题组报道了在 ZIF－67 的表面原位生长 ZIF－8，后续通过水热、热解的方法制备了具有中空核壳结构的 Co@C－N 催化剂[图 1－4(a)]。同一时期，清华大学李亚栋课题组报道了在 ZIF－8 的表面原位生长 ZIF－67，后续通过热解－氧化－磷化的方法制备了表面含有氮掺杂的碳纳米管，并且镶嵌有 CoP 纳米颗粒的中空多面体[图 1－4(b)]，在水的全分解反应中获得优异的性能。理论计算证明电子可以从碳纳米管传递到 CoP 纳米颗粒，提高 Co 的 d 轨道在费米能级附近的电子态，从而提高电催化性能。同时，由 CoP 纳米颗粒外面的碳壳保护，使其不被氧化，提高了材料的稳定性。

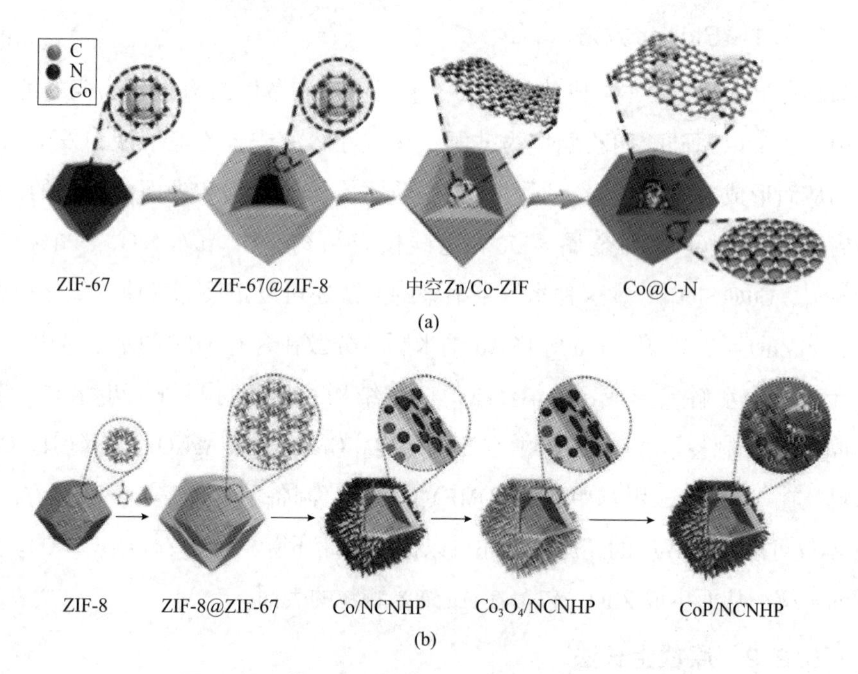

图 1－4　沸石咪唑骨架材料衍生的核壳纳米结构

1.5.2.3　原位共还原法

原位共还原法是一种制备双金属或者多金属核壳结构的常用方法。这一方法中起关键作用的是不同金属离子之间的还原电势差异。具有高还原电势的金属离子首先被还原，形成晶种，充当原位模板，紧接着具有低还原电势的金属离子被还原，包覆在晶种的外面，形成核壳结构。Han 等使用双还原剂抗坏血酸和水合肼以及表面活性剂十六烷基三甲基氯化铵(CTAC)制备了 Au 为内核、PdPt 合金为外壳的核壳结构 Au@PdPt(图 1－5)，具体如下：由于 Au(Ⅲ)的标准还原电势大于 Pd(Ⅱ)和 Pt(Ⅳ)的标准还原电势($E_{AuCl_4^-/Au}$ = +1.498eV，$E_{PtCl_6^{2-}/Pt}$ = +0.591eV，$E_{PdCl_4^{2-}/Pd}$ = +0.68eV *vs* SHE)，所以在反应开始阶段，$AuCl_4^-$首先被水合肼还原成 Au，同时 $PdCl_4^{2-}$－CTAC 的复合物充当结构导向剂，使 Au 形成四面体结构。随后，$PdCl_4^{2-}$和 $PtCl_6^{2-}$被抗坏血酸还原，在 Au 核的外面形成 PdPt 合金壳。由于 Au 核和 PdPt 合金壳的相互作用，加速了电荷转移，因此，在甲醇的电催化氧化反应上获得优异的反应性能。

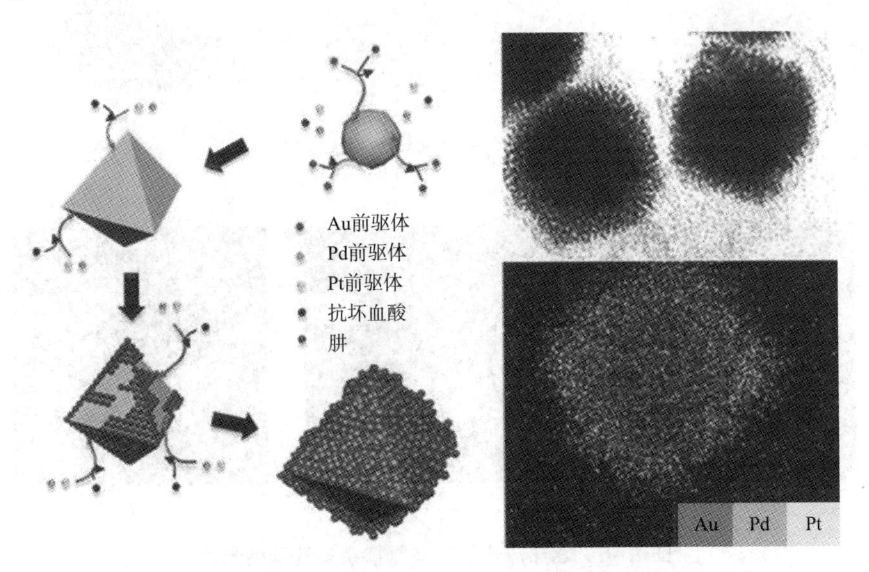

图 1－5 Au@PdPt 核壳结构的制备及表征

1.5.2.4 水热碳化法

生物质，诸如淀粉、葡萄糖、乳糖、蔗糖等，在水热的过程中可以发生交联，形成具有纳米结构的碳，因此，常常被用来构筑外壳为碳的核壳结构。Zhang 等利用水热碳化再热解的方法制备氮掺杂的多孔碳纳米片(图 1－6)。首先，将 g－C_3N_4 纳米片分散在葡萄糖的溶液中。在水热的开始阶段，葡萄糖发生脱水，在 g－C_3N_4 的表面形成聚合度比较低的碳质胶体。随着水热时间的延长，碳质胶体进一步发生交联，在 g－C_3N_4 的表面形成碳壳。通过热解除去模板，制备了氮掺杂碳纳米片，在氧化还原反应中获得优异的电催化性能。Han 等将碳纤维浸渍在葡萄糖的水溶液中，然后水热反应 6h 制备了碳包覆的碳纤维，增强了碳纤维的屈服强度和抗压强度。Li 等通过水热处理葡萄糖和 TiO_2 的混合溶液将碳包覆在 TiO_2 的表面，赋予 TiO_2 更多的表面官能团，当其作为载体时更有利于氧化钴的分散，在费托合成中表现优异的活性。Kim 等以蔗糖为碳前驱体，通过水热法将碳包覆在磷酸铁锂纳米颗粒的表面，提高了磷酸铁锂的电化学性能。

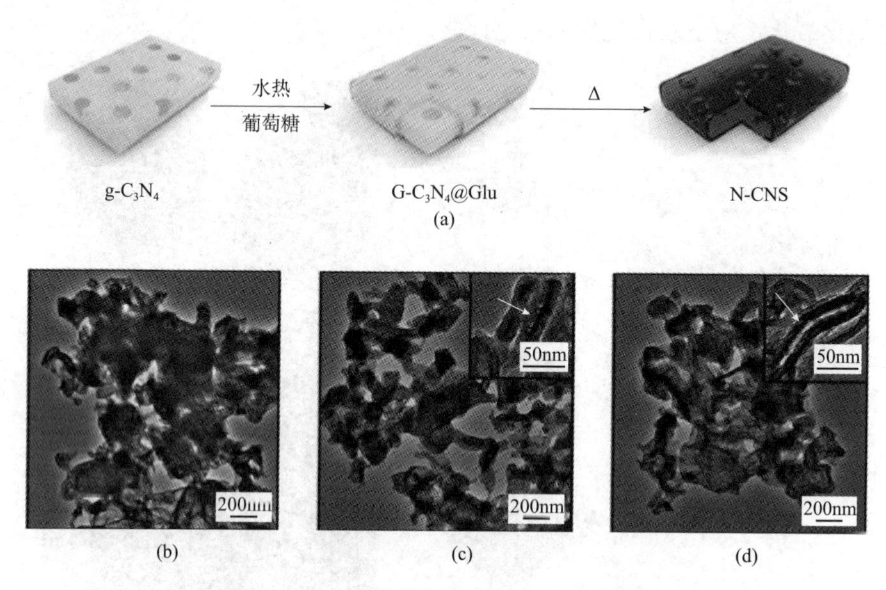

图 1－6　水热碳化法制备氮掺杂多孔碳纳米片

1.5.2.5　层层自组装法

1966 年，美国杜邦公司的 Iler 首次提出了层层自组装法(Layer－By－Layer, LBL)。该方法是一种利用基团间的相互作用层层吸附物质形成自组装结构的方法，作用力类型包括静电相互作用、范德华力、氢键、共价键、化学键、电荷转移等。层层自组装法最初应用于薄膜的制备，后来研究者们发现也可以用其构筑核壳结构。如 Zhao 等通过层层自组装法制备了金刚石为核、聚乙烯亚胺(PEI)/聚丙烯酸(PAA)为壳的核壳结构(图 1－7)。具体方法如下：①金刚石通过真空放电等离子烧结和改进的 Hummers 方法表面改性为石墨烯(D@ GO)；②使用氯乙酸对其表面进行化学修饰，使其含有大量的—COOH(D@ GO—COOH)，将 D@ GO—COOH 分散在聚乙烯亚胺的溶液中，由于聚乙烯亚胺中含有—NH_2，所以可以修饰在 D@ GO—COOH 的表面，形成核壳结构 D@ GO—COOH@ PEI；③将D@ GO—COOH@ PEI 分散在聚丙烯酸的溶液中，由于聚丙烯酸中含有—COOH，所以可以和聚乙烯亚胺发生相互作用，形成 D@ GO—COOH@ PEI/PAA。将上述组装 PEI 和 PAA 的过程重复几次，即可获得层数确定的核壳结构。

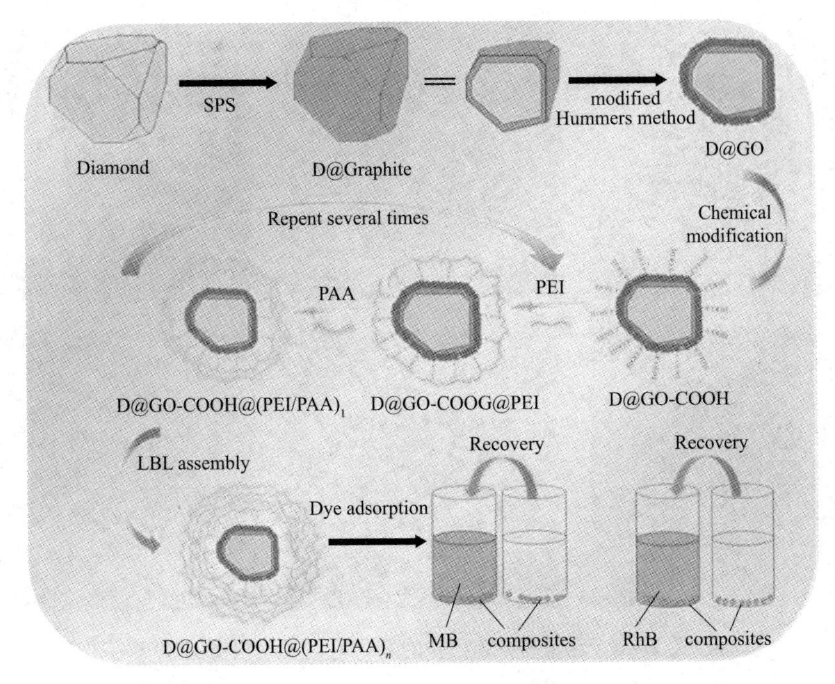

图1-7 层层自组装法制备金刚石为核、聚乙烯亚胺/聚丙烯酸为壳的核壳结构

1.5.2.6 聚合包覆法

对于外壳是高分子材料的核壳结构，可以采用聚合包覆法构筑。常用来作为壳层的高分子材料有聚多巴胺、聚苯胺、聚酰亚胺、酚醛树脂等。以聚多巴胺(PDA)为例，其表面含有丰富的—OH 和—NH_2，并且其前驱体多巴胺可以在很温和的条件下完成聚合过程，因此，是一种理想的构筑核壳结构的高分子。Yang 等报道了在 Fe_3O_4 的外面包覆聚多巴胺壳(图1-8)，具体方法如下：①通过溶剂热方法制备了羧基修饰的 Fe_3O_4 纳米颗粒；②将其分散在水溶液中，加入多巴胺和磷酸盐缓冲溶液。多巴胺表面的—NH_2 和 Fe_3O_4 表面的—COOH 发生相互作用，形成—COO—NH_2—离子对，从而吸附在 Fe_3O_4 的表面。在碱性缓冲溶液的作用下，多巴胺开始发生自聚，形成聚多巴胺壳。通过调节多巴胺单体的浓度，壳层的厚度可以精确控制在 10～25nm 范围内。与裸露的 Fe_3O_4 纳米颗粒相比，包覆了聚多巴胺的纳米颗粒不易聚集，并且应用于生物体系时，聚多巴胺可以阻止 Fe_3O_4 与外部环境直接接触，从而抑制了 Fe_3O_4 的降解。

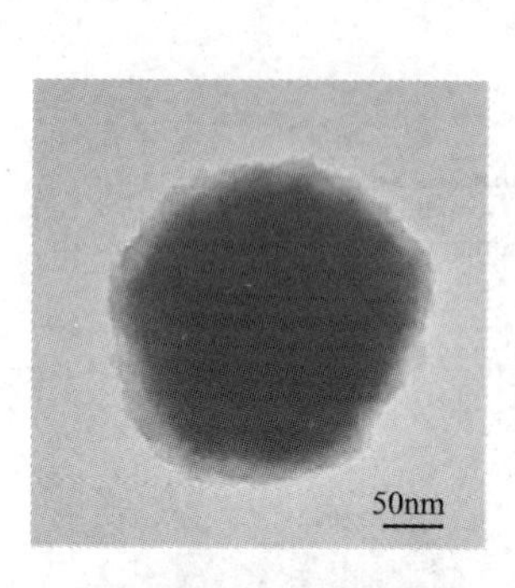

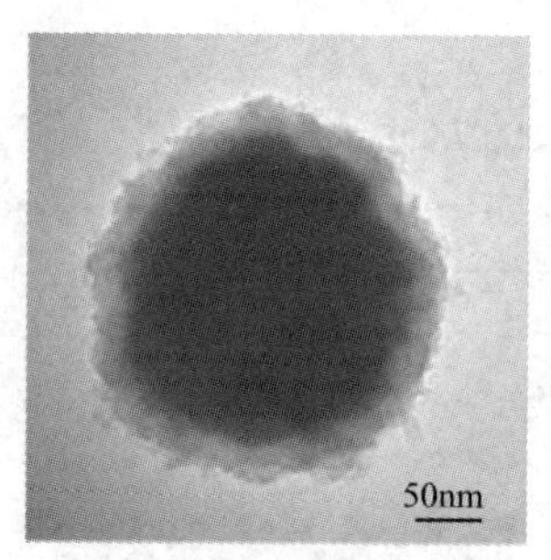

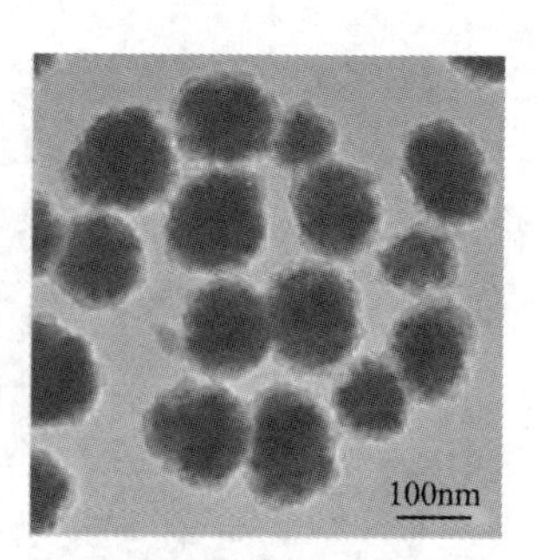

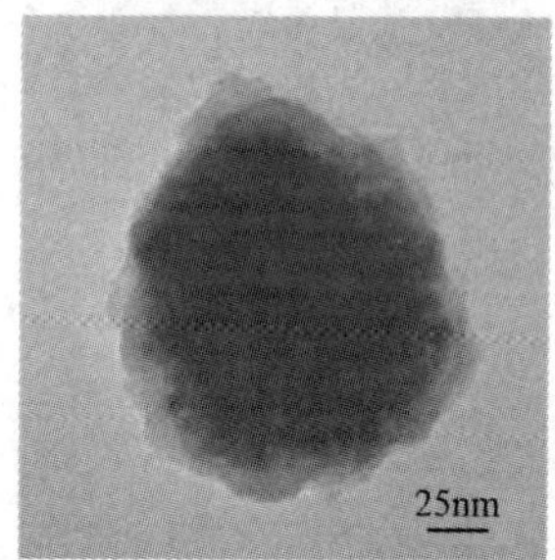

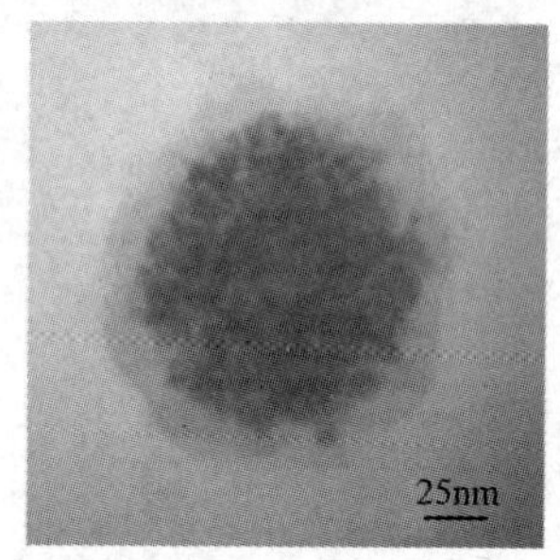

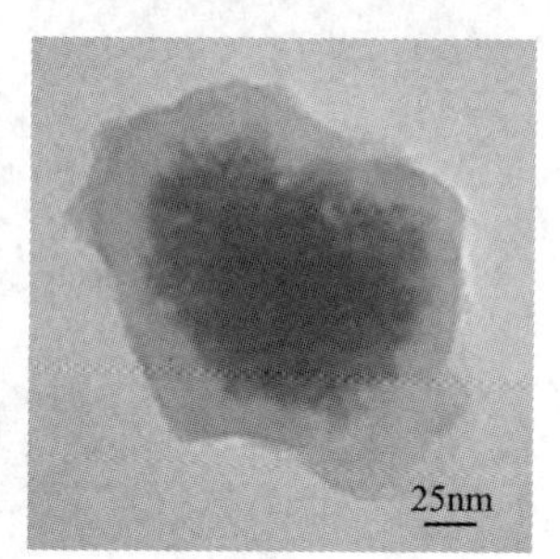

图 1-8　包覆有聚多巴胺的 Fe_3O_4 的透射电镜图片

1.5.2.7　微乳液法

微乳液法是一种新型的核壳结构构筑方法，研究者们已经成功地利用微乳液法制备了 Mg@ Ni、SiO_2/ZnO、ZnSe/ZnS、PANI/V_2O_5、$V_{1-x}W_xO_2$@ SiO_2 等核壳结构复合材料。所谓微乳液，是由极性相(水相)、非极性相(油相)和表面活性剂自发形成的热力学稳定的胶体分散体系，具有较大的两相界面、超低的界面张力和对水溶性油溶性化合物的溶解能力。根据水相和油相的比例及表面活性剂的亲水疏水平衡值不同，微乳液可以分为水包油型、油包水型和双连续相型(图 1-9)。微乳液的分散相由 5～100nm 的单分散液滴组成，其可以充当纳米反应器控制纳米颗粒的生成。当将新的反应物引入微乳液体系时，已经形成的纳米颗粒可以作为成核中心在其表面生长第二层材料，从而构筑核壳结

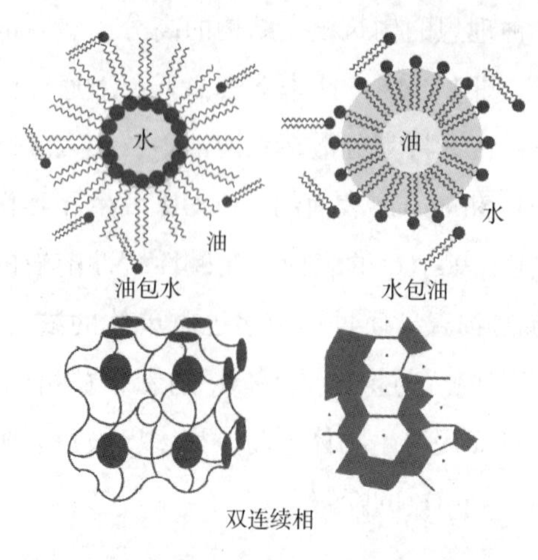

图 1-9　不同类型的微乳液

构。由于表面活性剂类型、水相和油相的含量、溶解在纳米液滴内的前驱体含量等因素均会影响液滴的尺寸，因此，使用微乳液法构筑核壳结构时具有粒度分布窄、尺寸易于控制的优点。

除了上述方法，还可以通过微流控法、同轴纺丝法、超声喷雾热解法、溶胶–凝胶法、共沉淀法、直接沉积法等构筑核壳结构。随着材料科学、化学和流体力学的发展，结合物理、化学和生物的方法有望构筑更多在尺寸、结构、组成和化学性质等方面可控的核壳结构复合材料。

1.5.3 核壳纳米结构在催化方面的优势

具有核壳结构的纳米材料，应用于催化领域时可能具有多方面的优势。第一，外壳材料可以对内核材料起到保护作用，避免活性组分的流失或聚集，延长催化剂的使用寿命。第二，对于具有中空核壳结构的纳米材料，内部的空腔可以作为纳米反应器，使反应物得以富集，从而提高催化剂的活性，并且可以通过调控壳层材料的孔道结构实现特定反应的发生。第三，内核材料和外壳材料的性质不同，可能在催化反应中发挥协同效应，获得更好的转化率和选择性，甚至是开发出新的催化反应。第四，内核材料可以作为载体，支撑外壳材料，产生较大的比表面积和孔隙率，还可以充当结构模板，进一步构筑其他具有特殊结构或者性质的催化剂，从而在催化反应中获得优异的性能。下面将结合一些典型的例子介绍如何利用核壳结构调控纳米催化剂的性能。

1.5.3.1 利用核壳纳米结构提高催化剂的稳定性

金属纳米晶具有优异的电学、光学、磁学和化学性质，因此，得到了研究者们广泛的关注。然而，金属纳米晶的表面自由能很高，极易发生聚集，形貌因此容易变得不规则，稳定性下降，这限制了其在催化领域的应用。解决这一问题的有效办法是通过表面包覆的手段构筑核壳结构，稳定金属纳米晶，防止其聚集和流失。2018 年，苏宝连课题组报道了介孔二氧化硅壳包覆的 Pd 纳米催化剂（Pd@ $mSiO_2$）（图 1–10）。硝基苯加氢的实验结果表明，相对于裸露的 Pd 立方体，包覆了介孔二氧化硅后，催化剂的稳定性得以提高。连续使用 6 次后，Pd 纳米立方体的催化活性降到了 20% 以下，而 Pd@ $mSiO_2$ 的催化活性却可以保持在 70% 以上。

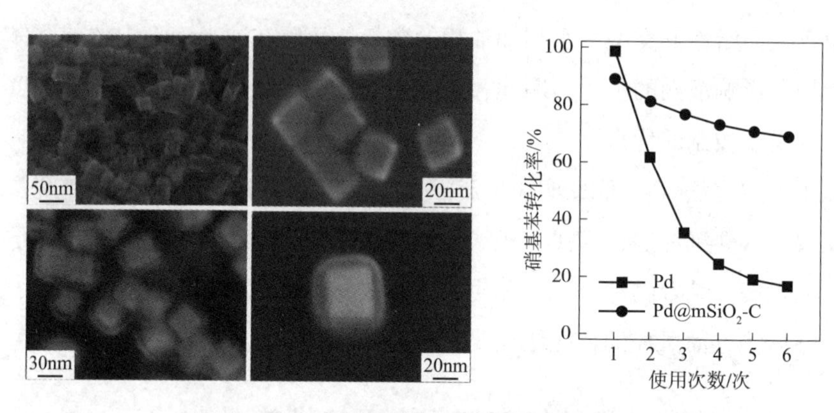

图 1－10 具有优异的稳定性的 Pd@mSiO$_2$

1.5.3.2 利用核壳纳米结构提高催化剂的活性和选择性

研究表明，在费托合成反应中，适当降低 Ru 纳米颗粒与载体之间的相互作用，会提高反应活性以及对含氧化合物的选择性。2016 年，大连化学物理研究所的杨启华课题组报道了内嵌有 Ru 纳米线的中空二氧化硅纳米反应器可以调控水相费托合成反应的活性和选择性(图 1－11)。这种中空核壳结构允许 Ru 纳米颗粒在其内部的空腔中自由移动，避免了 Ru 纳米颗粒与载体之间的强相互作用，同时在催化的过程中使反应物和中间产物富集并从各个方向接触 Ru 活性位点，CO 有更多的机会接触烷基－金属中间态，从而提高费托合成的活性和对含氧化合物的选择性。此外，核壳纳米结构具有限域效应，提高了长链碳氢化合物的扩散阻力，使其不易从二氧化硅内部扩散出去，从而降低长链碳氢化合物的生成。

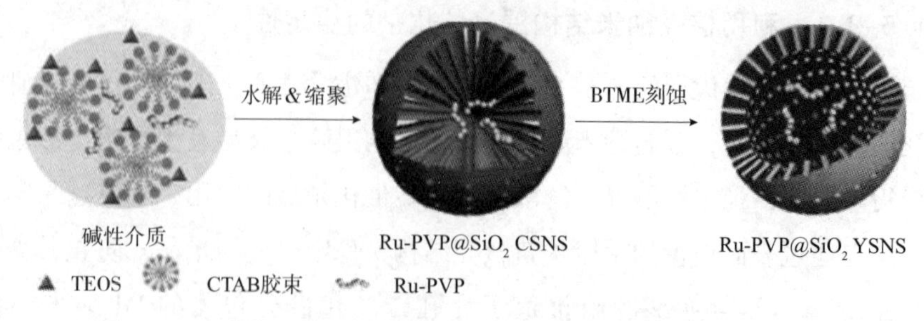

图 1－11 内嵌 Ru 纳米线的中空二氧化硅纳米反应器的制备过程

1.5.3.3 利用核壳纳米结构实现特定反应的发生

尺寸选择性催化是一类重要的催化反应类型，指的是在理想的情况下，只有动力学直径小于孔道尺寸的反应物可以接触到活性位点，发生化学转化。显然，合理设计催化剂的孔道结构，精细调控孔道尺寸，可以实现这一目的。Wang 等报道了内嵌有 Pd 纳米颗粒的 ZIF－8 中空球(图 1－12)，内部的 Pd 纳米颗粒充当活性位点，外部的 ZIF－8 壳充当反应物分子的筛选媒介，可以实现尺寸选择性催化。ZIF－8 的孔道尺寸为 0.34nm×1.16nm，所以尺寸小于 ZIF－8 的孔道直径的反应物分子，如 1－己烯(0.19nm×0.82nm)可以扩散进入 ZIF－8 内部发生化学反应，而尺寸大于 ZIF－8 的孔道直径的反应物分子，如顺式环辛烯(0.53nm×0.55nm)、反式二苯基乙烯(0.42nm×1.13nm)却无法通过 ZIF－8 壳到达 Pd 纳米颗粒的表面，也就无法发生化学转化。

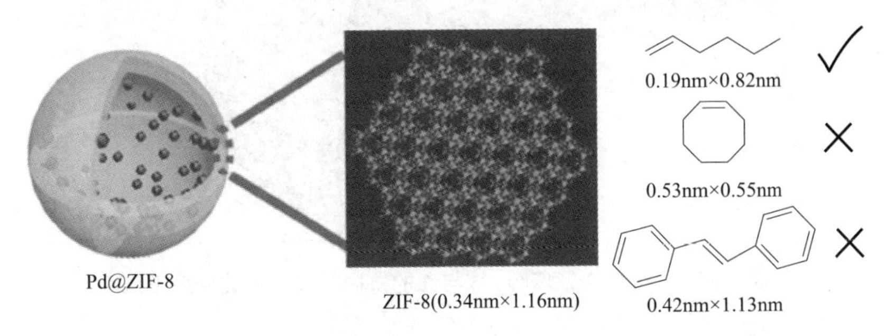

图 1－12 Pd@ZIF－8 纳米反应器实现尺寸选择性催化

1.5.3.4 利用核壳结构的协同效应提高催化剂的性能

Sun 等通过 TiF_4 在 Au 纳米颗粒表面的原位水解－缩聚和奥斯瓦尔德熟化制备了中空的 TiO_2 壳包裹的 Au 纳米颗粒(Au@ TiO_2，图 1－13)，应用于罗丹明 B (RhB)的光催化降解时，TiO_2 和 Au 纳米粒子之间存在协同效应。首先，二者均有丰富的位点可以吸附罗丹明 B；其次，Au 纳米粒子所具有的 SPR 效应(Surface Plasmon Resonance，表面等离子体共振)使其容易被可见光激发，产生光电子，并转移到 TiO_2 的导带上，自身则产生空穴。被激发的电子与 O_2 结合时产生超氧自由基(·O_2^-)，同时空穴与 H_2O 结合生成羟基自由基(·OH)，这两种自由基在罗丹明 B 的光催化降解中发挥了至关重要的作用。Chang 等在 ZIF－67 的表面原位生长 ZIF－8，经过热解、酸刻蚀以后制备了氮掺杂碳包裹的 Co 纳米颗粒，然后负载 Pd，最终得到 Pd/Co@ N—C，在电催化 ORR 和 OER 反应中表现出优异的催化性能。研究表明，Co 可以促进无定形碳的高度石墨化转变，提高催化剂的电子转移能力，同时石墨化的碳壳可以避免 Co 的流失并抑制 Co 的聚集从而暴露出更多的界面。负载 Pd 以后，Pd 和 Co@ N—C 之间存在强的金属－载体相互作用，Pd 将一部分电子转移给氮原子而带正电荷。这种强的空间限域效应和界面效应使各组分之间存在协同作用，提高了材料的电催化活性、选择性和稳定性。

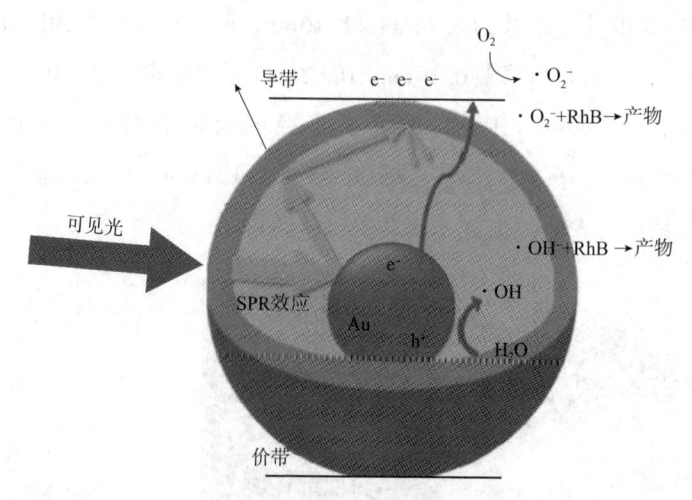

图 1 – 13　利用 Au@TiO_2 核与壳的协同效应光催化降解 RhB

1.5.3.5　利用核壳结构构筑功能纳米催化剂

核壳结构纳米材料自身除了可以作为催化剂使用外，还可以作为前驱体构筑其他的功能催化剂。Zhang 等报道了利用核壳结构制备金属单原子催化剂(SA – M，图 1 – 14)的方法：①在金属氧化物或者金属氢氧化物的表面包覆含氮原子的聚合物；②在高温下热解这种核壳结构复合材料；③用浓盐酸刻蚀掉不稳定的金属物种。通过改变金属前驱体或者聚合物的种类，可以制备出不同种类的金属 – 氮 – 碳单原子催化剂(SA – M/CN，M = Fe，Co，Ni，Mn，FeCo，FeNi 等)。以制备得到的单原子 Fe 催化剂为例，在苯制苯酚中可以获得 45% 的转化率，而相同条件下 Fe 纳米颗粒对苯的转化率仅为 5%。Zhao 等首先利用静电纺丝技术制备了 PAN/PVP/$Co(acac)_2$ 纳米纤维，然后 Co 盐和 2 – 甲基咪唑在其表面原位配位获得 PAN@ ZIF – 67 核壳结构复合材料，最后经热解和酸刻蚀制备得到杂原子掺杂的核壳型碳纤维。获益于这种核壳结构、杂原子掺杂和适宜的孔隙，该碳纤维可以作为双功能催化剂很好地应用于 OER 和 ORR。

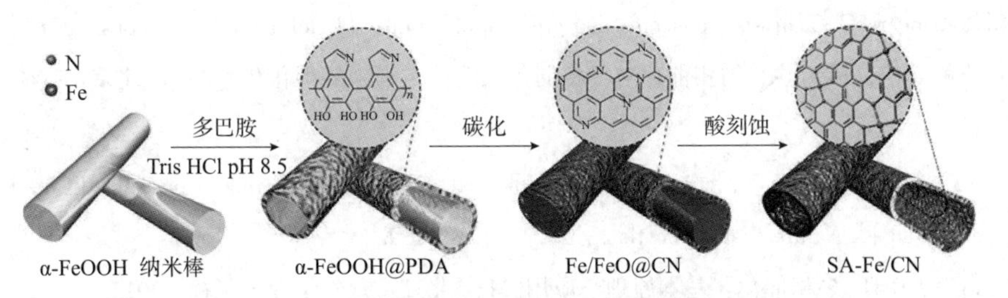

图 1 – 14　利用 α – FeOOH@PDA 核壳结构制备单原子 Fe 的过程

参考文献

[1] Vogt C, Weckhuysen B M. The concept of active site in heterogeneous catalysis [J]. Nature Reviews Chemistry, 2022, 6: 89 – 111.

[2] Poovan F, Chandrashekhar V G, Natte K, et al. Synergy between homogeneous and heterogeneous catalysis[J]. Catalysis Science and Technology, 2022, 12: 6623 – 6649.

[3] Ertl G, Knozinger H, Weitkamp J. Handbook of heterogeneous catalysis[J]. Weinheim: VCH, 1997.

[4] Lindströma B, Pettersson L J. A brief history of catalysis[J]. Cattech, 2003, 7: 130 – 138.

[5] 郭保章. 20 世纪化学史[M]. 南昌: 江西教育出版社, 1998.

[6] 徐建中, 马海云. 化学简史[M]. 北京: 科学出版社, 2019.

[7] 晋楠. 催化剂的“催化”之路[J]. 中国科学报, 2016 – 09 – 14(3).

[8] Mellor J W. History of the water problem[J]. The Journal of Physical Chemistry, 1903, 7: 557 – 567.

[9] Davenport D A, Ireland K M. The ingenious, lively and celebrated Mrs. Fulhame and the dyer's hand[J]. Bulletin for the History of Chemistry, 1989, 5: 37 – 42.

[10] Creese M R S. British women of the nineteenth and early twentieth centuries who contributed to research in the chemical sciences[J]. British Journal for the History of Science, 1991, 24: 275 – 305.

[11] Wisniak J. The history of catalysis: from the beginning to Nobel Prizes[J]. Educación Química, 2010, 21: 60 – 69.

[12] Robertson A J B. The early history of catalysis[J]. Platinum Metals Reviews, 1975, 19: 64 – 69.

[13] Averill B A, Moulijn J A, van Santen R A, et al. Catalysis – an integrated approach to homogeneous, heterogeneous and industrial catalysis[J]. Elsevier, 1999.

[14] Rothenberg G. Catalysis: concepts and green applications[J]. John Wiley and Sons, 2017.

[15] 干鲷真信，市川勝．匀相催化与多相催化入门——未来的催化化学[M]．北京：宇航出版社，1990.

[16] Yu J, Sun X, Tong X, et al. Ultra – high thermal stability of sputtering reconstructed Cu – based catalysts[J]. Nature Communications, 2021, 12: 7209.

[17] Ross J R H. 多相催化：基本原理与应用[M]．北京：化学工业出版社，2015.

[18] Polshettiwar V, Asefa T. Nanocatalysis: synthesis and applications [J]. John Wiley and Sons, 2013.

[19] Balasanthiran C, Hoefelmeyer J D. Nanocatalysis: definition and case studies [J]. Metal Nanoparticles for Catalysis, 2014, 17: 6 – 29.

[20] Liu J, Zhu Y, Liu C, et al. Excellent selectivity with high conversion in the semihydrogenation of alkynes using palladium – based bimetallic catalysts [J]. ChemCatChem, 2017, 9: 4053 – 4057.

[21] Schauermann S, Nilius N, Shaikhutdinov S, et al. Nanoparticles for heterogeneous catalysis: new mechanistic insights[J]. Accounts of Chemical Research, 2012, 46: 1673 – 1681.

[22] Pushkarev V V, An K, Alayoglu S, et al. Hydrogenation of benzene and toluene over size controlled Pt/SBA – 15 catalysts: elucidation of the Pt particle size effect on reaction kinetics[J]. Journal of Catalysis, 2012, 292: 64 – 72.

[23] Iablokov V, Barbosa R, Pollefeyt G, et al. Catalytic CO oxidation over well – defined cobalt oxide nanoparticles: size – reactivity correlation[J]. ACS Catalysis, 2015, 5: 5714 – 5718.

[24] Li Y, Shen W. Morphology – dependent nanocatalysis on metal oxides [J]. Science China Chemistry, 2012, 55: 2485 – 2496.

[25] Qiao Z – A, Wu Z, Dai S. Shape – controlled ceria – based nanostructures for catalysis applications[J]. ChemSusChem, 2013, 6: 1821 – 1833.

[26] Li Y, Shen W. Morphology – dependent nanocatalysts: rod – shaped oxides[J]. Chemical Society Reviews, 2014, 43: 1543 – 1574.

[27] Tana, Zhang M, Li J, et al. Morphology – dependent redox and catalytic properties of CeO_2 nanostructures: nanowires, nanorods and nanoparticles [J]. Catalysis Today, 2009, 148: 179 – 183.

[28] Rao R G, Blume R, Greiner M T, et al. Oxygen – doped carbon supports modulate the hydrogenation activity of palladium nanoparticles through electronic metal – support interactions[J]. ACS Catalysis, 2022, 12: 7344 – 7356.

[29]Wang L, Zhang J, Zhu Y, et al. Strong metal – support interactions achieved by hydroxide – to – oxide support transformation for preparation of sinter – resistant gold nanoparticle catalysts[J]. ACS Catalysis, 2017, 7: 7461 – 7465.

[30]Yen H, Seo Y, Kaliaguine S, et al. Role of metal – support interactions, particle size, and metal – metal synergy in CuNi nanocatalysts for H_2 generation[J]. ACS Catalysis, 2015, 5: 5505 – 5511.

[31]Huang X, Yang X, Li G, et al. Hybrid two – step preparation of nanosized MgAl layered double hydroxides for CO_2 adsorption. Sorption in 2020s, 2019: 123.

[32] Yang G, Park S J. Conventional and microwave hydrothermal synthesis and application of functional materials: a review[J]. Materials, 2019, 12: 1177.

[33]Sun C, Li H, Zhang H, et al. Controlled synthesis of CeO_2 nanorods by a solvothermal method [J]. Nanotechnology, 2005, 16: 1454 – 1463.

[34]Ciriminna R, Fidalgo A, Pandarus V, et al. The sol – gel route to advanced silica – based materials and recent applications[J]. Chemical Reviews, 2013, 113: 6592 – 6620.

[35]侯甲子, 张万喜, 管东波, 等. 静电纺丝法在制备改性醋酸纤维素中的应用[J]. 化学进展, 2012, 24: 2359 – 2366.

[36]靳瑜, 姚辉, 陈名海, 等. 静电纺丝技术在超级电容器中的应用[J]. 材料导报, 2011, 25: 21 – 26.

[37]李秀红, 宋天丹, 陈志远, 等. 静电纺丝的模式[J]. 纺织学报, 2014, 35: 163 – 168.

[38] Bellan L M, Craighead H G. Nanomanufacturing using electrospinning [J]. Journal of Manufacturing Science and Engineering, 2009, 131: 034001.

[39]Xu G, Lu Z, Zhang Q, et al. Synthesis of two – dimensional transition metal dichalcogenides with chemical vapor deposition[J]. Acta Chimica Sinica, 2015, 73: 895 – 901.

[40]胡昌义, 李靖华. 化学气相沉积技术与材料制备[J]. 稀有金属, 2001, 25: 364 – 368.

[41]苗虎, 李刘合, 旷小聪. 原子层沉积技术发展概况[J]. 真空, 2018, 55: 51 – 58.

[42]苗虎, 李刘合, 韩明月, 等. 原子层沉积技术及应用[J]. 表面技术, 2018, 47: 163 – 175.

[43]George S M. Atomic layer deposition: an overview[J]. Chemical Reviews, 2010, 110: 111 – 131.

[44]Yang H, Chen Y, Qin Y. Application of atomic layer deposition in fabricating high – efficiency electrocatalysts[J]. Chinese Journal of Catalysis, 2020, 41: 227 – 241.

[45] Singh J A, Yang N, Bent S F. Nanoengineering heterogeneous catalysts by atomic layer deposition[J]. Annual Review of Chemical and Biomolecular Engineering, 2017, 8: 41 – 62.

[46]Chen T, Chen J, Wu J, et al. Atomic – layer – deposition derived Pt subnano clusters on the(110)

facet of hexagonal Al_2O_3 plates: efficient for formic acid decomposition and water gas shift[J]. ACS Catalysis, 2022, 13: 887 - 901.

[47]杨忠强，刘凤岐．无机有机 - 核壳材料研究进展[J]．化学通报，2004，3：163 - 170.

[48]李广录，何涛，李雪梅．核壳结构纳米复合材料的制备及应用[J]．化学进展，2011，23：1081 - 1089.

[49]段涛，杨玉山，彭同江，等．核壳型纳米复合材料的研究进展[J]．材料导报，2009，23：19 - 23.

[50] Hayes R, Ahmed A, Edge T, et al. Core - shell particles: preparation, fundamentals and applications in high performance liquid chromatography[J]. Journal of Chromatography A, 2014, 1357: 36 - 52.

[51] Gawande M B, Goswami A, Asefa T, et al. Core - shell nanoparticles: synthesis and applications in catalysis and electrocatalysis[J]. Chemical Society Reviews, 2015, 44: 7540 - 7590.

[52] Wei S, Wang Q, Zhu J, et al. Multifunctional composite core - shell nanoparticles[J]. Nanoscale, 2011, 3: 4474 - 4502.

[53] Liu R, Priestley R D. Rational design and fabrication of core - shell nanoparticles through a one - step/pot strategy[J]. Journal of Materials Chemistry A, 2016, 4: 6680 - 6692.

[54] Chen J, Zhang R, Han L, et al. One - pot synthesis of thermally stable gold@ mesoporous silica core - shell nanospheres with catalytic activity[J]. Nano Research, 2013, 6: 871 - 879.

[55] Aguirre M E, Rodríguez H B, San Román E, et al. Ag@ ZnO core - shell nanoparticles formed by the timely reduction of Ag^+ ions and zinc acetate hydrolysis in N, N - dimethylformamide: mechanism of growth and photocatalytic properties[J]. The Journal of Physical Chemistry C, 2011, 115: 24967 - 24974.

[56] Banerjee R, Phan A, Wang B, et al. High - throughput synthesis of zeolitic imidazolate frameworks and application to CO_2 capture[J]. Science, 2008, 319: 939 - 943.

[57] Banerjee R, Furukawa H, Britt D, et al. Control of pore size and functionality in isoreticular zeolitic imidazolate frameworks and their carbon dioxide selective capture properties[J]. Journal of the American Chemical Society, 2009, 131: 3875 - 3877.

[58] Chen H, Shen K, Mao Q, et al. Nanoreactor of MOF - derived yolk - shell Co@ C - N: precisely controllable structure and enhanced catalytic activity[J]. ACS Catalysis, 2018, 8: 1417 - 1426.

[59] Pan Y, Sun K, Liu S, et al. Core - shell ZIF - 8@ ZIF - 67 - derived CoP nanoparticle - embedded N - doped carbon nanotube hollow polyhedron for efficient overall water splitting[J].

Journal of the American Chemical Society, 2018, 140: 2610 – 2618.

[60] Yan J, Zhang X – B, Akita T, et al. One – step seeding growth of magnetically recyclable Au@ Co core – shell nanoparticles: highly efficient catalyst for hydrolytic dehydrogenation of ammonia borane[J]. Journal of the American Chemical Society, 2010, 132: 5326 – 5327.

[61] Kang S W, Lee Y W, Park Y, et al. One – pot synthesis of trimetallic Au@ PdPt core – shell nanoparticles with high catalytic performance[J]. ACS Nano, 2013, 7: 7945 – 7955.

[62] Yu H, Shang L, Bian T, et al. Nitrogen – doped porous carbon nanosheets templated from g – C_3N_4 as metal – free electrocatalysts for efficient oxygen reduction reaction[J]. Advanced Materials, 2016, 28: 5080 – 5086.

[63] Song J, Han W, Dong S, et al. Constructing hydrothermal carbonization coatings on carbon fibers with controllable thickness for achieving tunable sorption of dyes and oils via a simple heat – treated route[J]. Journal of Colloid and Interface Science, 2020, 559: 263 – 272.

[64] Liu C, He Y, Wei L, et al. Hydrothermal carbon – coated TiO_2 as support for co – based catalyst in Fischer – Tropsch synthesis[J]. ACS Catalysis, 2018, 8: 1591 – 1600.

[65] Hong S – A, Kim S J, Kim J, et al. Carbon coating on lithium iron phosphate ($LiFePO_4$): comparison between continuous supercritical hydrothermal method and solid – state method[J]. Chemical Engineering Journal, 2012, 198 – 199: 318 – 326.

[66] Tong W, Song X, Gao C. Layer – by – layer assembly of microcapsules and their biomedical applications[J]. Chemical Society Reviews, 2012, 41: 6103 – 6124.

[67] Lee T, Min S H, Gu M, et al. Layer – by – layer assembly for graphene – based multilayer nanocomposites: synthesis and applications[J]. Chemistry of Materials, 2015, 27: 3785 – 3796.

[68] Zhao F, Wang K, Li X, et al. Layer – by – layer covalent bond coupling way making graphdiyne cages[J]. Nano Energy, 2022, 104: 107904.

[69] Zhao X, Ma K, Jiao T, et al. Fabrication of hierarchical layer – by – layer assembled diamond – based core – shell nanocomposites as highly efficient dye absorbents for wastewater treatment[J]. Scientific Reports, 2017, 7: 44076.

[70] Si J, Yang H. Preparation and characterization of bio – compatible Fe_3O_4@ polydopamine spheres with core/shell nanostructure[J]. Materials Chemistry and Physics, 2011, 128: 519 – 524.

[71] Zhang C, Zheng J Y, Zhao Y S, et al. Organic core – shell nanostructures: microemulsion synthesis and upconverted emission[J]. Chemical Communications, 2010, 46: 4959 – 4961.

[72] Zielińska – Jurek A, Reszczyńska J, Grabowska E, et al. Nanoparticles preparation using microemulsion systems[J]. Microemulsions – an Introduction to Properties and Applications,

2012：229 – 250.

[73] Malik M A，Wani M Y，Hashim M A. Microemulsion method：a novel route to synthesize organic and inorganic nanomaterials[J]. Arabian Journal of Chemistry，2012，5：397 – 417.

[74] 温九平，胡军，倪哲明．微乳液法制备 $NiFe_2O_4/SiO_2$ 核壳纳米复合粒子[J]．材料科学与工程学报，2011，29：889 – 892.

[75] Aytac Z，Uyar T. Applications of core – shell nanofibers：drug and biomolecules release and gene therapy[J]. Core – shell nanostructures for drug delivery and theranostics，Woodhead Publishing，2018：375 – 404.

[76] Liu D，Zhang H，Cito S，et al. Core/shell nanocomposites produced by superfast sequential microfluidic nanoprecipitation[J]. Nano Letters，2017，17：606 – 614.

[77] Li D，Zhang Y，Liu D，et al. Hierarchical core/shell ZnO/NiO nanoheterojunctions synthesized by ultrasonic spray pyrolysis and their gas – sensing performance[J]. CrystEngComm，2016，18：8101 – 8107.

[78] Zhang Q，Lee I，Joo J B，et al. Core – shell nanostructured catalysts[J]. Accounts of Chemical Research，2013，46：1816 – 1824.

[79] Ying J，Janiak C，Xiao Y – X，et al. Shape – controlled surface – coating to Pd@ mesoporous silica core – shell nanocatalysts with high catalytic activity and stability[J]. Chemistry – An Asian Journal，2018，13：31 – 34.

[80] Lan G，Yao Y，Zhang X，et al. Improved catalytic performance of encapsulated Ru nanowires for aqueous – phase Fischer – Tropsch synthesis[J]. Catalysis Science and Technology，2016，6：2181 – 2187.

[81] Wang X，Li M，Cao C，et al. Surfactant – free palladium nanoparticles encapsulated in ZIF – 8 hollow nanospheres for size – selective catalysis in liquid – phase solution[J]. ChemCatChem，2016，8：3224 – 3228.

[82] Chang J，Wang G，Chang X，et al. Interface synergism and engineering of Pd/Co@ N – C for direct ethanol fuel cells[J]. Nature Communications，2023，14：1346.

[83] Zhang M，Wang Y – G，Chen W，et al. Metal(Hydr)oxides@ polymer core – shell strategy to metal single – atom materials[J]. Journal of the American Chemical Society，2017，139：10976 – 10979.

[84] Zhao Y，Lai Q，Zhu J，et al. Controllable construction of core – shell polymer @ zeolitic imidazolate frameworks fiber derived heteroatom – doped carbon nanofiber network for efficient oxygen electrocatalysis[J]. Small，2018，14：1704207.

2 聚磷腈

2.1 引言

聚磷腈(Phospohazenes)是一类无机－有机杂化聚合物，主链由单、双键交替排列的氮、磷原子组成(—N═P—)，呈线形或者环形。其中每个磷原子上连接两个基团 R 组成侧链，通常 R 是有机基团，也可以是有机金属基团。得益于这种独特的结构，通过改变侧基的类型、分子量和交联密度，就可以获得分子量、结构和性质多样的聚磷腈。目前，研究者们已经合成出数百种不同种类的聚磷腈，普遍具有优异的物理化学性质，如优异的热稳定性和化学稳定性、显著的生物可降解性和生物相容性等，这使其在很多领域具有潜在的应用价值，在阻燃剂、光学纤维、燃料电池、碳材料、复合材料、生物医学材料、固态电解质、薄膜、药物输运等领域均可看到聚磷腈的身影。

2.2 聚磷腈简史

1897 年，在美国地质调查局工作的化学家 Henry Stokes 通过五氯化磷和氨反应首次制备并分离了化合物$[NPCl_2]_3$。Stokes 做出了一个大胆的假设，认为$[NPCl_2]_3$ 具有六元环状结构，并且当聚合程度增加的时候可以得到一系列环尺寸不同的交联型聚二氯磷腈$[NPCl_2]_n$($n=3$，4，5，6，7……)。更重要的是，Stokes 观察到，当把这些聚合物加热到 200～300℃时，会先熔化，然后再凝结成橡胶状物质。Stokes 将这种材料称为“无机橡胶”，但是并没有发现其用途，因为它们不可溶，且在大气中会缓慢分解成磷酸盐、氨和氯化氢，这就是磷腈聚合物化学的起源，不过由于反应条件苛刻(真空)、产量低、合成步骤复杂、分离困难、P—Cl 键易水解、不稳定等问题，这一领域的进一步研究在此后的60 多年里基本停滞不前。

进入 20 世纪 60 年代，美国宾夕法尼亚州立大学 Harry R Allcock 等报道了一系列有关聚磷腈的研究，涉及的合成工艺简单、条件成熟、产物分子量大且易分离。这一过程中的重要发现可以概括为以下几点：①“无机橡胶”交联的关键在于$[NPCl_2]_n$与微量水反应，因此，在湿度为零的情况下，可以制备得到非交联和可溶的大分子$[NPCl_2]_n$；②$[NPCl_2]_n$与水的反应是亲核反应，说明由于磷腈独特的分子结构，P—Cl 键具有优异的反应活性，可能与多种分子反应生成具有无机和有机特征的杂化聚合物；③通过控制温度、时间、原料纯度和终止反应，可以将环状的六氯三聚磷腈转化为线性的聚二氯磷腈；④聚二氯磷腈可以和醇、伯胺或仲胺的有机金属盐发生亲核取代反应，生成稳定的目标聚合物；⑤磷腈中的氯原子可以被两种或两种以上的有机基团混合取代，使聚磷腈拥有丰富的结构和性质。总的来说，Allcock 等的工作揭示了磷腈的重要特征并发展了简单可行的制备方法，为聚磷腈化学的蓬勃发展拉开了序幕。

2.3　聚磷腈的类型

在聚磷腈化学中，亲核试剂攻击与磷原子相连的氯原子，发生不同形式的取代反应，可以是单元取代，也可以是双元甚至多元取代，而这些亲核试剂可以是有机金属，也可以是无机或有机的。这种取代反应的多样性导致聚磷腈的种类丰富。一般来说，根据结构的不同和骨架的杂化性质，聚磷腈可以分为三种类型（图2－1）：①小分子环形聚磷腈，其重要特征就是分子骨架为—N═P—重复单元首尾相连而成的环，环上重复单元的数目为 n，随着聚合程度的不同，n 值可以在 3 到几百的范围内变化，相应的聚磷腈可以被叫作环 n 磷腈；②线形聚磷腈，六氯三聚磷腈的开环聚合可以将环形的磷腈转变为线形的聚二氯磷腈，然后通过亲核试剂与氯原子之间的取代反应又可以获得含有取代基的线形聚磷腈；③大分子复合型聚磷腈，聚磷腈可以与其他的有机高分子链复合形成大分子复合型聚磷腈，可以是聚磷腈连接到高分子的支链上，也可以是高分子连接到聚磷腈的支链上，还可以是二者交替排列，当高分子同样含有交联结构时，所形成的复合物叫作互穿网络聚合物。

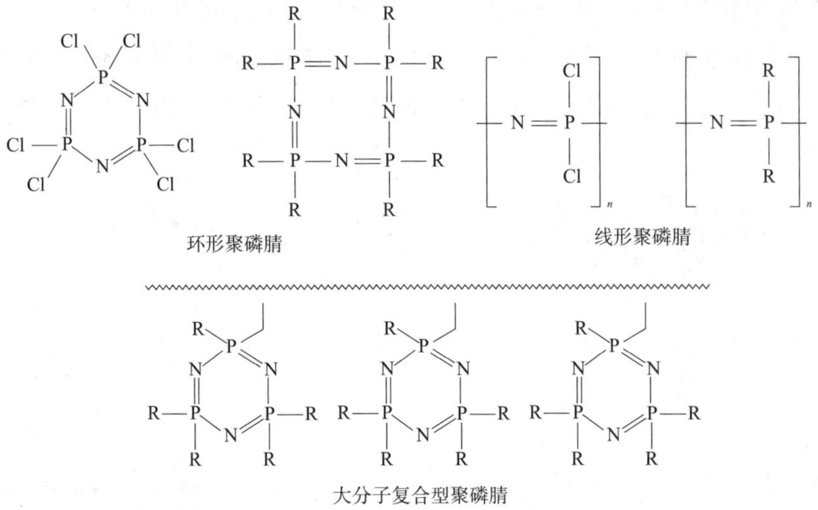

环形聚磷腈

线形聚磷腈

大分子复合型聚磷腈

图 2－1　不同类型的聚磷腈

2.4　聚磷腈的合成

目前，聚磷腈的合成方法主要有两种，分别是：①六氯三聚磷腈（$[NPCl_2]_3$）作为起始原料，热开环聚合后发生亲核取代；②磷胺（$Cl_3P=NSiMe_3$）作为起始原料，进行活性阳离子聚合。无论使用哪种原料，聚合过程的中间态都是$[NPCl_2]_n$。由于湿度存在时，$[NPCl_2]_n$ 发生交联，可能导致其不溶于任何溶剂以及发生溶胀，从而影响聚合。因此，合成非交联型$[NPCl_2]_n$ 对于制备各种磷腈聚合物至关重要。

2.4.1　$[NPCl_2]_3$ 的热开环聚合

$[NPCl_2]_3$ 的热开环聚合过程如图 2－2 所示，通常有三种方法。

（1）真空法。将$[NPCl_2]_3$ 密封在真空的玻璃管中，加热至 250℃左右，保持几个小时。这一过程中温度的控制对于聚合成功至关重要。低于 250℃时，P—Cl 键难以断裂，因此，聚合速度非常慢；高于 250℃时，则会发生明显的交联。当添加少量的无水 $AlCl_3$ 作为路易斯酸催化剂时，反应温度可以降低至 200℃左右。

(2)溶液相法。将$[NPCl_2]_3$溶解在三氯苯中，分别加入促进剂$CaSO_4 \cdot 2H_2O$和催化剂$HSO_3(NH_2)$，加热到214℃，使$[NPCl_2]_3$发生热开环聚合。

(3)直接合成法。通过$[NPCl_2]_3$的前驱体五氯化磷和氯化铵直接合成$[NPCl_2]_n$，不过五氯化磷在开环所需的高温下升华可能影响到后续的聚合。

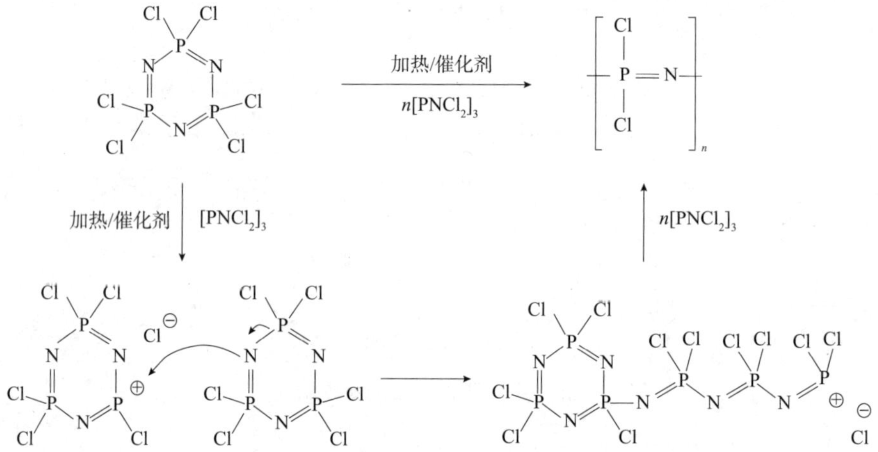

图2-2 $[NPCl_2]_3$的热开环聚合过程

以上热开环聚合路线，$[NPCl_2]_3$中的P—Cl键断裂以后形成的阳离子磷腈物种，会进攻第二个磷腈环导致其开环，从而引发链增长形成非交联型$[NPCl_2]_n$。由于该过程可以贯穿整个聚合过程，因此，所形成的聚磷腈分子量很高且分子量分布广，难以控制。

2.4.2 活性阳离子聚合

在高分子化学中，控制聚合非常重要。通过控制聚合，可以获得分子量可控、分子量分布窄和拓扑结构复杂的聚合物，为大分子工程和现代聚合物纳米技术奠定基础。1995年，加拿大多伦多大学的Ian Manners和美国宾夕法尼亚州立大学的Harry R Allcock等成功地通过三氯(三甲基硅烷基)膦亚胺($Cl_3P=NSiMe_3$)的活性阳离子聚合实现了聚磷腈的控制聚合。与$[NPCl_2]_3$的热开环聚合不同，$Cl_3P=NSiMe_3$的活性阳离子聚合不需要高温，在室温下即可进行。具体做法包括：将$Cl_3P=NSiMe_3$溶解在氯仿中，加入两当量的PCl_5作为引发剂，随后生成带正电的中间物种$[Cl_3PNPCl_3]^+$和作为稳定剂的PCl_6^-；中间物种继续与$Cl_3P=$

$NSiMe_3$ 单体反应使链增长，直至单体消耗完全，获得端基为活性阳离子的聚合物链[图 2-3(a)]。当再次引入单体时，这些活性阳离子端基可以重新激活使链继续增长聚合。显然，活性端基的存在有助于控制聚磷腈的分子组成和尺寸，可以通过改变单体浓度和聚合时间来获得所需链长的聚磷腈。需要注意的是，采用活性阳离子聚合时对单体 $Cl_3P=NSiMe_3$ 的纯度要求很高。此外，上述过程生成中间物种$[Cl_3PNPCl_3]^+$时，由于阳离子位点的迁移能力，聚合物链不可避免地会出现双向增长。这时可以通过含有取代基 R 的硅烷基膦亚胺(如 $R_3PNSiMe_3$，R 通常是苯基)实现聚磷腈链的单向生长。这种膦亚胺与两当量的 PCl_5 反应时能够通过相同的机制引发 $Cl_3P=NSiMe_3$ 聚合，同时 R 基团的存在有效地封闭了链的一端，迫使聚合仅在一个方向上进行，最终获得具有确定端基的聚磷腈[图 2-3(b)]。除此之外，还有一种方法可以获得具有确定端基的聚磷腈，即使用三级膦，如 R_3PCl_2 作为引发剂促进 $Cl_3P=NSiMe_3$ 聚合[图 2-3(c)]。当 R 之一为官能团时，就可以合成具有确定官能团端基的聚磷腈。

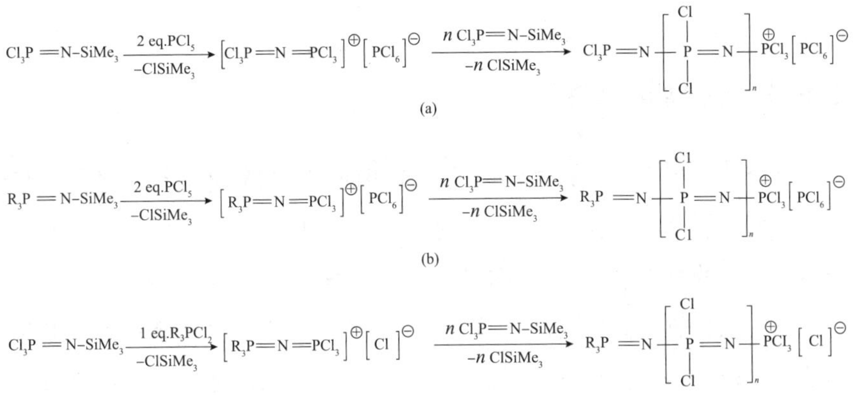

$$Cl_3P=N\text{-}SiMe_3 \xrightarrow[-ClSiMe_3]{2\ eq.PCl_5} [Cl_3P=N=PCl_3]^{\oplus}[PCl_6]^{\ominus} \xrightarrow[-n\ ClSiMe_3]{n\ Cl_3P=N\text{-}SiMe_3} Cl_3P=N\left[\begin{array}{c}Cl\\|\\P\\|\\Cl\end{array}=N\right]_n\overset{\oplus}{P}Cl_3[PCl_6]^{\ominus}$$

(a)

$$R_3P=N\text{-}SiMe_3 \xrightarrow[-ClSiMe_3]{2\ eq.PCl_5} [R_3P=N=PCl_3]^{\oplus}[PCl_6]^{\ominus} \xrightarrow[-n\ ClSiMe_3]{n\ Cl_3P=N\text{-}SiMe_3} R_3P=N\left[\begin{array}{c}Cl\\|\\P\\|\\Cl\end{array}=N\right]_n\overset{\oplus}{P}Cl_3[PCl_6]^{\ominus}$$

(b)

$$Cl_3P=N\text{-}SiMe_3 \xrightarrow[-ClSiMe_3]{1\ eq.R_3PCl_2} [R_3P=N=PCl_3]^{\oplus}[Cl]^{\ominus} \xrightarrow[-n\ ClSiMe_3]{n\ Cl_3P=N\text{-}SiMe_3} R_3P=N\left[\begin{array}{c}Cl\\|\\P\\|\\Cl\end{array}=N\right]_n\overset{\oplus}{P}Cl_3[Cl]^{\ominus}$$

(c)

图 2-3 活性阳离子聚合法合成聚磷腈

2.4.3 大分子亲核取代

在已经合成线形聚二氯磷腈的基础上，通过大分子亲核取代反应，可以将各种不同的侧基连接到聚二氯磷腈的无机主链上，从而获得电子和空间结构满足要求的聚磷腈。这种后官能化涉及有机或无机亲核试剂取代聚二氯磷腈中的 Cl 原子。聚二氯磷腈中的 P—Cl 键具有反应活性，当其暴露于水分或氧气中时容易发生水解或交联，当其被芳基或烷基氧化物等氧基亲核试剂、伯胺等氮基亲核试剂攻击时，Cl 原子容易被取代，获得含有 P—O 或 P—N 键的功能化聚磷腈。这种聚磷腈热力学稳定，并且含有 P—O 键的聚磷腈，比含有 P—N 键的聚磷腈表现出更强的抗水解能力。取代过程受多种因素影响，如亲核试剂的性质、反应条件、溶剂类型、产物溶解性等。空间位阻高，体积较大的亲核试剂很难沿聚二氯磷腈的主链取代 Cl 原子。强的亲核试剂在取代 Cl 原子中比较有攻击性，而相对较弱的亲核试剂则需要更长的反应时间和更高的反应温度。当采用两种或多种不同的亲核试剂时，可以同时或相继进攻聚二氯磷腈的 P—Cl 键，从而合成具有混合取代基的聚磷腈，为设计合成性质多样的聚磷腈提供可能。取代基比例的改变不仅可以调控聚磷腈自身的性能，还可以在聚合物共混中与其他聚合物产生特定的相互作用。

2.5 聚磷腈的性质

2.5.1 生物相容性

生物相容性是指植入材料在体内发挥作用而不引起局部或全身的有害反应的能力。天然聚合物具有生物相容性和增强细胞黏附性的优点，但机械性能较差且伴随着不可预测的酶降解。大多数有机聚合物对光、热、氧敏感，而无机聚合物虽具有较强的光、热、氧稳定性，但脆性强、不易加工。聚磷腈作为一类稳定性好且侧基可修饰上丰富的有机基团的聚合物，为实现植入体的生物相容性创造了可能。如氨基酸酯修饰的聚磷腈具有优异的生物相容性，已被证实可以作为组织工程和药物输送的生物材料。

2.5.2 可降解性

在生物医学中，可降解的无毒生物材料通常是首选，因为通过降解可以减少对天然组织产生的不利影响和免疫风险。降解速率可控非常关键，过快或过慢均不适宜。在组织工程中，降解过快的活材料对生长的组织没有足够的支撑将导致机械缺陷，降解过慢将损害新组织。在药物输运中，降解速率带来的药物过快或过慢释放同样会影响治疗效果。聚磷腈作为侧基种类丰富的一类聚合物，可通过有效控制侧链的组成、结构和性质实现材料的无毒、可控降解。

2.5.3 机械性质

—N═P—骨架的可扭转性使合成含有不同取代基、不同分子量的聚磷腈成为可能。由于主链分子量、侧链取代程度和取代基性质的不同，聚磷腈的机械性能具有丰富的可调性，其抗压强度和抗拉强度等力学性能可与天然组织的力学性能相匹配，应用于组织工程。如 Sethuraman 等研究发现丙氨酸乙酯基聚磷腈比常规的组织工程材料聚乳酸 - 羟基乙酸共聚物拥有更高的抗压强度。此外，将一部分丙氨酸乙酯基替换为体积较大的芳氧基时，由于空间位阻的增加，聚磷腈的抗压强度得到进一步的提升，其拉伸强度和弹性也得以增强。

2.5.4 热性质

玻璃化转变温度指温度升高时聚合物从固态转变为类玻璃非晶态的温度。对于聚磷腈这类高分子材料，其玻璃化转变温度与侧链基团的尺寸、性质有关。取代基的微小变化可以导致聚磷腈的玻璃化转变温度发生显著的变化(图 2 - 4)。随着取代基的改变，聚磷腈的玻璃化转变温度可以在 - 100℃ ~ 室温波动，有的甚至可以达到 300℃以上。

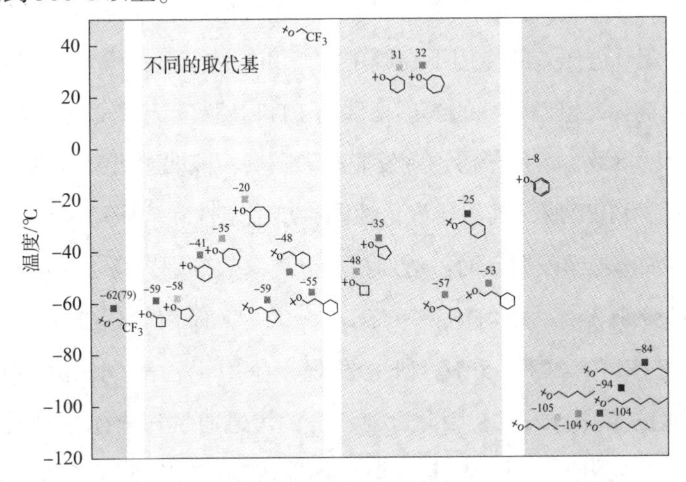

图 2 - 4 取代基对聚磷腈玻璃化转变温度的影响

2.5.5 几何结构和电子性质

与其他的聚合物相比，聚磷腈的骨架键合结构存在多样性且非常独特，既不是完全不饱和的，也不是芳香性的，具有以下特征：①与—N—P—中正常的共价σ键相比，聚磷腈骨架上N和P原子之间的键长更短；②聚磷腈骨架上N和P原子之间的键长通常固定，但是当端基或者侧基存在时会有一定影响；③聚磷腈骨架环可以是平面的，也可以是非平面的，然而不管怎样，六元、八元甚至更高元环的结构稳定性保持不变；④如果聚磷腈中存在给电子性强的侧基，那么强碱性的骨架氮原子就有可能与过渡金属或质子形成配位共价键。

2.6 聚磷腈的应用

2.6.1 膜材料

聚磷腈具有柔性的主链、易于修饰的侧链、良好的化学稳定性和热稳定性，可以作为高分子膜材料应用于多个领域。

2.6.1.1 渗透蒸发膜

渗透蒸发膜技术是一种基于渗透和蒸发的膜分离技术。也是利用液体混合物在膜两侧组分的蒸气分压差的作用下在膜中溶解和扩散速度的不同实现分离的技术。Li等合成了侧链为三氟乙氧基的线形聚磷腈PTFEP膜，计算发现PTFEP具有与噻吩相似的溶解度参数，可用于渗透蒸发脱硫。随后，该课题组又合成了侧链为苯氧基的线形聚磷腈PBPP膜，其渗透汽化性能、热稳定性和溶胀稳定性均优于PTFEP膜，应用于汽油渗透蒸发脱硫时渗透通量和分离系数分别提高了8倍和6倍。Tang等合成了侧链分别含有$—OC_2H_5$、$—OCH_2CF_3$、$—OCH_2CF_2CF_2CF_2CF_2H$的聚磷腈，依次命名为PAEPP、2CF、5CF。研究发现，应用于乙醇/水混合物的分离时，PAEPP膜对水的亲和力最大，因此，对乙醇的渗透通量和选择性最低；5CF膜对乙醇具有最佳的吸附选择性，但是扩散选择性较差；2CF膜对乙醇的亲和力和扩散选择性最大，因此，具有最高的乙醇渗透通量和分离系数。

2.6.1.2 CO_2 分离膜

早期聚磷腈很少用作分离 CO_2 的膜材料，主要是因为难以在分离膜的机械性能和气体渗透选择性方面做出平衡。那些具有良好机械性能的聚磷腈往往含有芳香族侧基，这会提高聚磷腈的玻璃化转变温度，甚至是引入显著的结晶度，导致成膜以后 CO_2 的渗透性低且选择性差；而那些含有氟化侧基的聚磷腈，虽然具有较低的玻璃化转变温度、良好的机械性能、较高的气体渗透性，但是对 CO_2 的选择性同样很差；含有乙氧基的聚磷腈可能同时满足高 CO_2 渗透性和高 CO_2 选择性的要求，然而这类聚磷腈往往具有较差的机械性能，难以成膜。因此，Kusuma 等通过巯基－烯光聚合反应合成了95%的侧链为乙氧基、5%的侧链为可交联2－烯丙基苯氧基的聚磷腈。该聚磷腈的机械性能显著增强，不仅可以独立成膜，还保留了对 CO_2 的高渗透性和高选择性。应用于燃煤电厂烟气中 CO_2 的分离时，可稳定使用500h，并且选择性几乎不受相对湿度的影响。Hua 等通过正丙胺、正丁胺、正戊胺与聚二氯磷腈的取代反应合成了三种侧链长度不同的聚磷腈膜。当用作分离 CO_2/CH_4 混合气体时，三种聚磷腈膜均具有良好且稳定的 CO_2 渗透性和选择性，并且侧链越长，聚磷腈膜对 CO_2 的渗透性越好，相应的选择性则会下降。

2.6.1.3 燃料电池膜

燃料电池是把燃料所具有的化学能直接转换成电能的装置。电解质膜是其中的重要组成部分，可以分隔阴、阳两极并传导离子。目前，最常用的膜材料是全氟化磺化聚合物 Nafion。这种含有磺基（$-SO_3H$）的聚合物具有高的质子传导率和稳定性。受此启发，Li 等认为在合成聚磷腈的时候，如果引入磺基有希望将聚磷腈用作新型电解质膜。以六氯三聚磷腈和对苯二胺磺酸为原料，通过简易的一锅聚合反应合成了磺化的聚磷腈 $PP-PhSO_3H$（图2－5）。研究发现，$PP-PhSO_3H$ 是一种高度稳定的非晶聚合物，在80℃和98%的相对湿度下质子电导率为 $6.64\times10^{-2}S\cdot cm^{-1}$，比相同条件下非磺化聚磷腈的质子电导率高出2个数量级。与聚丙烯腈以3∶1的质量比混合成膜以后，质子电导率为 $5.05\times10^{-2}S\cdot cm^{-1}$，可以和常规的电解质膜相媲美。Zhu 等合成了线形的磺化聚磷腈 SPFPP 和簇状的磺化聚磷腈 SPCP，二者以一定的比例交联成膜以后应用于直接甲醇燃料电池，与 Nafion 117 膜相比，SPFPP/SPCP 复合膜对甲醇的渗透系数低得多，同时选择性高得多。

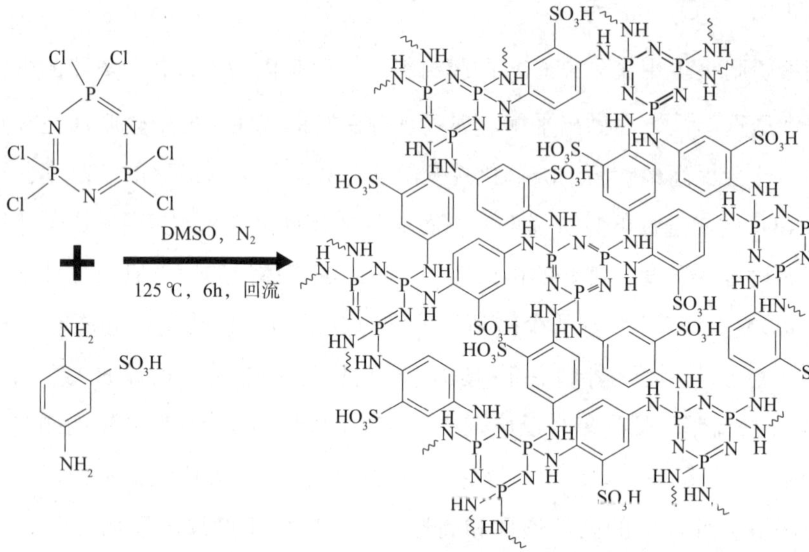

图 2 -5　PP - $PhSO_3H$ 的合成

2.6.1.4　锂离子电池膜

锂离子电池因续航能力强、循环次数多等优势已经在生活中得到广泛的应用，如手机、笔记本电脑、电动汽车等。但是，在实际使用中，锂离子电池有时会出现爆炸、自燃等现象，那么安全性问题就显得尤为重要。与常规的液态电解质相比，固态的聚合物电解质因不易挥发、不易燃、安全性高而备受关注。1984年，Allcock 等证实接枝有低聚环氧乙烷侧链的聚磷腈可以作为锂盐的“溶剂”。这种聚磷腈是非晶态高聚物，具有较低的玻璃化转变温度，有利于锂离子溶解和迁移，并且具有良好的热稳定性和化学稳定性，不必担心安全问题。Wiemhöfer 等合成了侧链为—$(OCH_2CH_2)_3OCH_3$ 的线形聚磷腈，在锂盐存在下通过溶液浇筑法制备含有 LiTFSI 和 LiBOB 的透明电解质膜。该膜具有良好的机械稳定性和热稳定性，并且在 0 ~4.7V（相对于 Li/Li^+）的宽电压范围内表现出优异的电化学稳定性。此外，与锂金属电极接触后可以形成稳定的 SEI 膜，具有显著的界面稳定性。经测试，30℃时该电解质膜的总离子电导率可达 $10^{-4}S \cdot cm^{-1}$，100℃时提高到 ~$10^{-3}S \cdot cm^{-1}$，并且在此温度下不会发生降解，而常规的标准电解质在 65℃以上就开始发生分解。显然，这种聚磷腈电解质膜可以将锂离子电池的使用范围扩展到高温环境。

2.6.1.5 蛋白质识别膜

糖-蛋白质识别过程在细胞信号传递、细胞黏附、增殖、分化、病菌感染和免疫应答等生命过程中具有重要的意义。单一糖基与蛋白质的亲和力很低，远远达不到识别作用对结合强度和特异性的要求。通过"糖苷集簇效应"，即多个糖基以适当的方式堆积起来形成集簇，从而使糖与蛋白质之间的结合强度极大地增强，糖-蛋白质识别过程才能顺利完成。Huang 等通过同轴静电纺丝工艺制备了一种聚丙烯腈为核、炔基聚磷腈为鞘的纳米纤维膜，随后采用叠氮-炔点击反应将叠氮糖固定于表面，构建高密度的吡喃葡萄糖基化聚磷腈纳米纤维膜。其表面糖基密度为 11.6mg·g^{-1}，可产生强烈的糖苷集簇效应，选择性地识别伴刀豆球蛋白 A，而几乎不与牛血清白蛋白结合。

2.6.2 生物医学材料

聚磷腈是一种独特的生物材料，因为其结构设计灵活，具有良好的生物相容性、生物有效性、生物可降解性，其降解产物无毒并且可以通过引入不同种类和比例的亲疏水取代基来调节自身的降解行为。这种独特的结构和性质使聚磷腈在生物医学领域应用前景广泛。

2.6.2.1 药物输运

聚磷腈作为载体输运药物有 3 种方法。

(1)通过物理封装的方法，将药物分子引入聚磷腈水凝胶或纳米囊泡中。白藜芦醇是一种非黄酮类多酚化合物，有抗氧化、抗炎、抗癌及心血管保护等作用。然而白藜芦醇的溶解度较差，因此，生物利用率很低。为解决这一问题，Choy 等在聚磷腈上同时接枝亲水基团和疏水基团合成了两亲性聚磷腈。由于聚磷腈主链具有高的柔韧性，当两亲性的聚磷腈分散在水中时会自组装为核壳型聚合物胶束。这种胶束的内部为疏水侧基，因此，可以包覆白藜芦醇，提高其载药量和利用效率，并且可以控制白藜芦醇的释放速率，从而降低细胞毒性。Reddy 等以磷腈单体、果胶和交联剂为原料通过自由基聚合制备了磷腈基共混聚合物凝胶 PACTP(图 2-6)。当封装抗肿瘤药物氟尿嘧啶时，PACTP 的效率可达 65%。PACTP 的溶胀性能与 pH 值和温度有关，氟尿嘧啶可以在低 pH 值、高温下缓慢地释放出来。

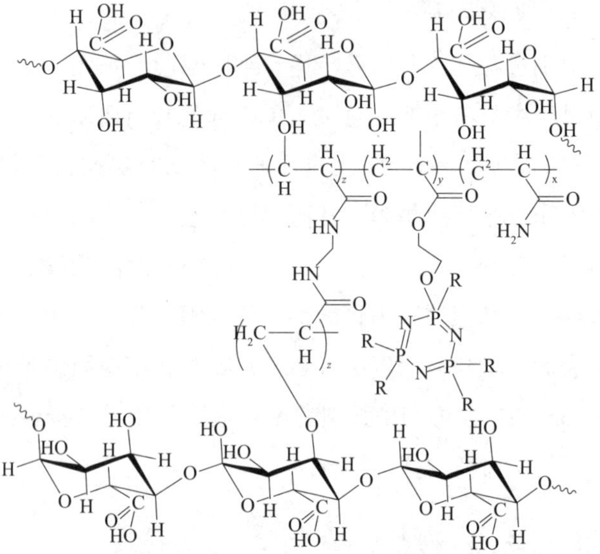

图 2-6　PACTP 水凝胶

（2）通过化学键，将药物分子与聚磷腈结合。Song 等将抗癌药紫杉醇通过共价键连接到含有羧酸端基的聚磷腈上，构建了紫杉醇-聚磷腈共轭体系。室温下，该共轭聚合物的水溶液可注射到实验动物的肿瘤组织中并立即形成水凝胶。紫杉醇缓慢地从水凝胶中释放出来，对肿瘤的抑制效果比注射紫杉醇生理盐水溶液更有效、更持久。Lu 等在室温下将含有羟基/氨基的阿霉素分子与六氯三聚磷腈进行沉淀聚合生成纳米粒子（图 2-7）。由于阿霉素直接通过共价键参与纳米粒子骨架的形成，所以该给药系统具有高达 90%（wt）的载药率。当通过内吞作用进入细胞以后，阿霉素在溶酶体低 pH 值环境下通过水解从纳米粒子上持续稳

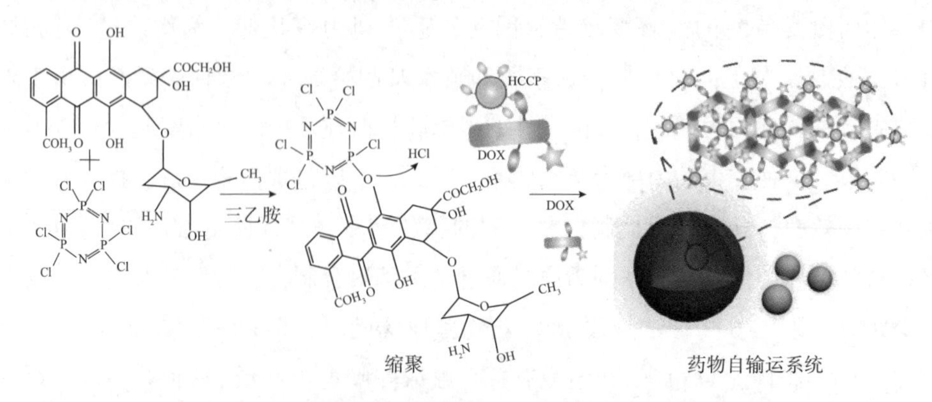

图 2-7　六氯三聚磷腈与阿霉素缩聚形成的药物自输运系统

定地释放出来，延长了药物的血液循环时间，增加了药物的组织浓度，降低了细胞毒性。显然，这种新颖的磷腈基药物自骨架传输系统在载药效率、药物的可控释放方面具有显著的优势。

(3)物理封装和化学封装相结合。Quinones 等基于亲水性聚烷氧基和带有甘氨酸连接剂的疏水性类甾体，通过活性阳离子聚合后官能团取代的方法合成了直接携带有薯蓣皂苷元(生产甾体激素类药物的重要基础原料)的两亲性聚磷腈 P1、P2、P3。在水溶液中，P1 ~ P3 自组装成胶束，疏水的薯蓣皂苷元被包覆在胶束内部。当遇到酸性环境时，聚磷腈可通过酯键水解释放出薯蓣皂苷元。含有更多亲水基团的 P2 所形成的胶束尺寸更大，内部的疏水核不如 P1、P3 的致密，因此，更容易缓释出薯蓣皂苷元。

2.6.2.2 骨组织工程

骨是人体重要的组成部分，为人体提供坚固的结构支撑，并对人体的代谢需求做出快速的反应。骨缺损将极大地影响人体健康。据统计，全世界每年大概要进行 220 万次骨移植手术。自体骨移植是治疗的黄金手段，但是可移植数量有限。异体骨移植则价格昂贵，且存在感染疾病和排异反应的风险。这种情况下，骨组织工程的诞生无疑带来了新的希望。骨组织工程是一个涉及多学科的科学领域，旨在创造一种结构诱导新的骨组织与缺损处的机体融合而不引起不良反应，从而克服传统骨病治疗的局限性。从实际应用角度出发，一个优异的骨组织再生材料应具备可降解、机械性能佳、生物相容性好、孔隙连通、骨传导性好等特征。目前，最常用于骨组织工程的材料是聚乳酸 - 羟基乙酸共聚物 PLGA，其物理性能优异、可降解、易成型，但是在水解过程中会产生酸性副产物，破坏融合结构的完整性并引起炎症等副反应，因此，需要寻求可替代聚合物。

1993 年，Cato T Laurencin 等首次报道了可降解且降解产物无毒的聚磷腈可用于骨组织工程，通过改变侧链的取代比例和性质以调控成骨细胞的黏附和生长。自此，聚磷腈在此领域的应用拉开序幕。Cai 等合成了苯胺四聚体和甘氨酸乙酯共取代的聚磷腈 PATGP，在此基础上通过静电纺丝分别制备了 PATGP 包覆 PLGA 的核壳型纳米纤维和二者共混型纳米纤维，研究发现聚磷腈作为纳米纤维外壳时可以更好地调控细胞行为，在清除活性氧物种、促进成骨细胞分化、加速新骨成长方面效果更佳。Rafienia 等制备了聚磷腈、磷酸钙、壳聚糖微球复合的材料，将其用于释放骨形成蛋白 2，促进成骨细胞增殖。聚磷腈的低降解速率使骨形成蛋白 2 的释放持续有效，可成功应用于骨组织工程。

2.6.3 传感器

传感器是一种能够检测外界环境变化并将检测信息按一定规律以电信号或其他所需形式的信息输出的检测装置。近年来，研究者们发现磷腈基材料可以应用于传感领域。

2.6.3.1 检测葡萄糖

Topparc 等在干净的石墨电极表面修饰上带有氨基的导电聚合物，随后浸入含有醛基的聚磷腈和葡萄糖氧化酶的混合溶液中。干燥后，一方面通过柔性聚磷腈的网状多孔结构的物理限域，另一方面通过聚磷腈的醛基、导电聚合物的氨基与葡萄糖氧化酶之间的共价相互作用，将酶分子固定在石墨电极上(图 2 -8)。这种功能化的石墨电极可以作为电流型生物传感器检测葡萄糖，灵敏度可达 237.1μAm · M^{-1} · cm^{-2}。研究发现，导电聚合物增强了电流测量过程中的电子转移，而聚磷腈则提高了传感器的稳定性、耐用性和灵敏度。

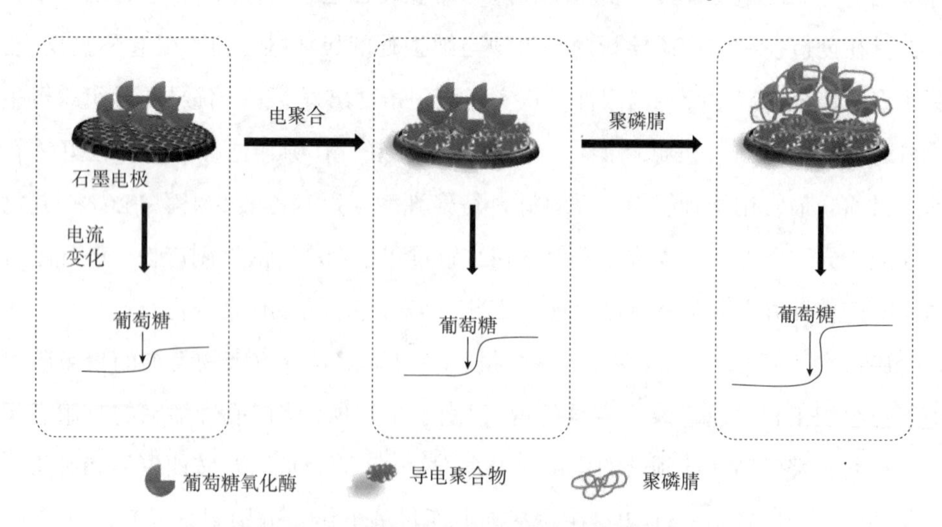

图 2 -8 聚磷腈修饰的电极用于葡萄糖的检测

2.6.3.2 检测湿度

湿度传感器是能感受外界环境中水蒸气的含量，并转换成可用输出信号的传感器。具有吸湿性的聚合物可作为湿度传感器的传感材料，常用的有醋酸纤维素、聚甲基丙烯酸甲酯和聚酰亚胺等。但存在一个问题，由于含有亲水基团，长期暴露于湿度环境下，特别是高温、高湿度环境下可能不稳定。1996 年，Anchisini 等发现聚二甲基磷腈可以用来检测湿度，这是聚磷腈首次应用于湿度传感器。一方面，聚二甲基磷腈骨架上存在的碱性氮原子对水蒸气敏感；另一方面，侧链上存在甲基使聚二甲基磷腈不溶于水，因此，作为湿度传感材料比较稳定。聚二甲基磷腈自支撑膜涂覆在金电极的两侧构成电容型传感器，随着相对湿度从 0% 变化到 100%，传感器的电容和电阻变化可达 3 个数量级，说明聚二甲基磷腈在整个相对湿度范围内是理想的传感材料。

2.6.3.3 检测金属离子

作为最基础的磷腈化合物，六氯三聚磷腈具有六元环状结构，可以作为内核合成各种树枝状分子，其用途就是检测金属离子。Ozay 等通过点击反应合成了环三磷腈核六爪形罗丹明衍生物[图 2－9(a)]，当暴露于 100μM(1μM = 1μmol/L) 的金属离子溶液时，只有当金属离子为 Hg^{2+} 时，溶液才会由无色变为粉紫色，因此，可用于肉眼检测 Hg^{2+}，经测定检测限高达 0.75ppb。该课题组又通过叠氮－炔点击反应合成了环三磷腈核 1、2、3－三唑环修饰的六爪形罗丹明衍生物[图 2－9(b)]。在众多金属离子溶液中，该衍生物仅与 Fe^{3+} 发生络合反应显色，因此，可用于肉眼高选择性地检测 Fe^{3+}，检测限为 0.27×10^{-6}。Tümay 通过水杨醛修饰的环三磷腈和 3－氨基噻吩的席夫碱反应合成了荧光化合物[图 2－9(c)]，DFT 计算表明席夫碱型的氮和这两个氮原子之间适宜尺寸的空腔促成了该化合物对 Ag^{2+} 的选择性配位，其在 427nm 对 Ag^{2+} 具有选择性荧光开启响应，检测限为 $3.15\mu mol \cdot L^{-1}$。Özcan 等报道了基于环三磷腈核邻二氮菲衍生物[图 2－9(d)] 的荧光传感器，可高选择性地结合 Al^{3+}，在紫外可见光谱和荧光光谱上显示出特征峰，检测限为 $1.825\mu g \cdot L^{-1}$。

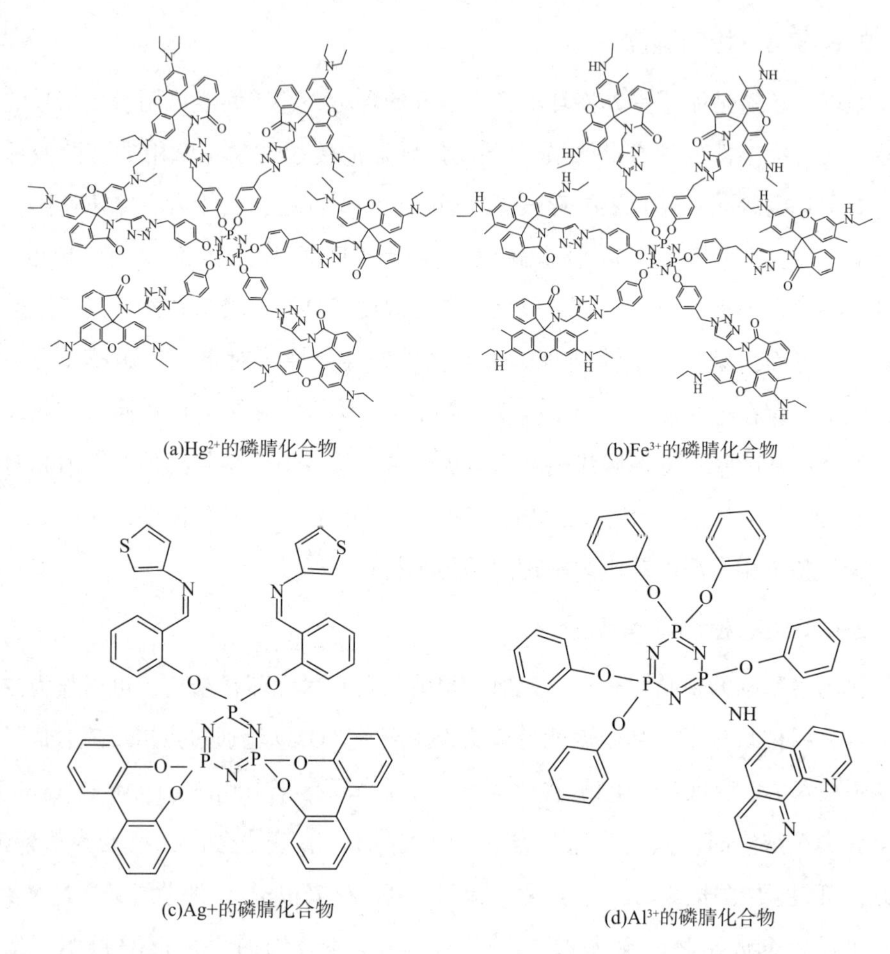

(a)Hg^{2+}的磷腈化合物 (b)Fe^{3+}的磷腈化合物

(c)Ag+的磷腈化合物 (d)Al^{3+}的磷腈化合物

图 2-9 四种分别用于检测 Hg^{2+}、Fe^{3+}、Ag^{+}、Al^{3+} 的磷腈化合物

2.6.4 阻燃材料

高分子材料在人们的日常生活和高科技领域应用潜力巨大，但是因普遍含有碳氢元素而具有一定的易燃性，这限制了其在实际中的进一步利用。因此，开发具有阻燃性能的高分子材料非常必要。目前，世界上产量最高的有机阻燃剂是卤系阻燃剂，如溴化聚苯乙烯、溴化环氧、四溴双酚 A 碳酸酯齐聚物等。卤系阻燃剂的价格低廉、阻燃效率高，但是存在严重的毒性和污染问题，将逐渐被淘汰。磷系、氮系、硅系等非卤阻燃剂则因其高效、无卤、环保的特点而进入人们的视野。聚磷腈主链由 N、P 原子交替排列，高含量的 N、P 构成协同体系，赋予聚磷腈与生俱来的优异阻燃性能，如耐高温、极限氧指数高、排烟率低、无毒无腐蚀等。Qin 等以六氯三聚磷腈和 N－氨乙基哌嗪为原料合成了带有活性氨基的聚磷腈 PBFA[图 2－10(a)]。将 PBFA 添加到环氧树脂 EP 中，由于活性氨基的存在，PBFA 可以很好地与环氧树脂复合。当 PBFA 的添加量为 9%(wt)时，环氧树脂的玻璃化转变温度从 151.2℃提高到 154.7℃，极限氧指数从 26%(vol)提高到 29%(vol)，总释放热和峰值热释放速率分别降低 29.31% 和 46.7%，总烟量降低了 48.08%，在 800℃条件下的总残炭量由 17.19% 提高到 24.14%，可通过 UL－94V0 级别的阻燃测试。由此可见，环氧树脂的耐火性和抑烟性得到显著的提升，这是由于 PBFA 的存在可以在较低温度下加速环氧树脂的分解并导致形成稳定的炭层，从而降低火灾风险。Wu 等以六氯三聚磷腈、苯酚钠、对羟基苯甲醛的钠盐为原料，通过两步取代法合成带有三个醛基的六芳氧基环三磷腈 CP－3AP，然后将其与对苯二甲醛、4，4'－二氨基二苯甲烷反应生成磷腈基类玻璃高分子 CTM－x[图 2－10(b)]。磷腈环和高含量芳香环的存在赋予 CTM－x 优异的热性能、高的机械稳定性和高的玻璃化转变温度，其展现了出色的阻燃性能，极限氧指数可达 34% ~41.6%。

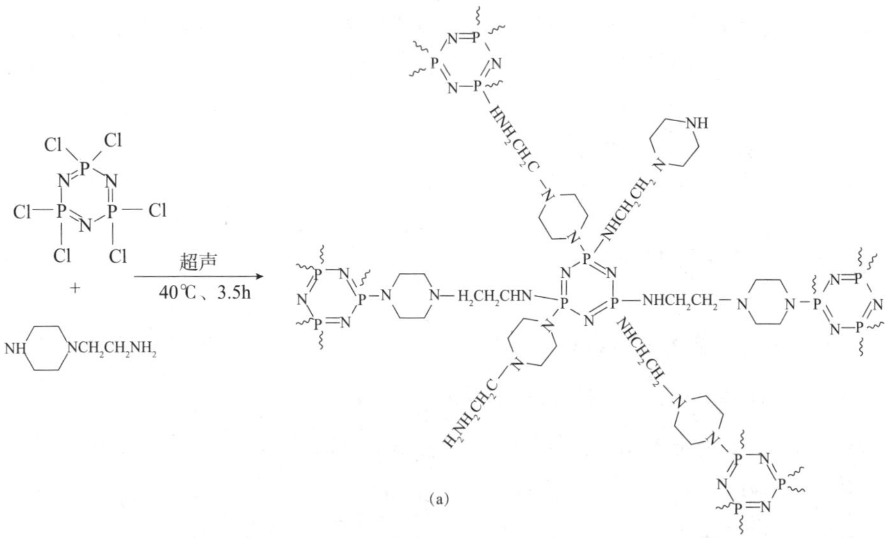

图 2－10 聚磷腈 PBFA 的合成(a)和磷腈基类玻璃高分子 CTM－x 的合成(b)

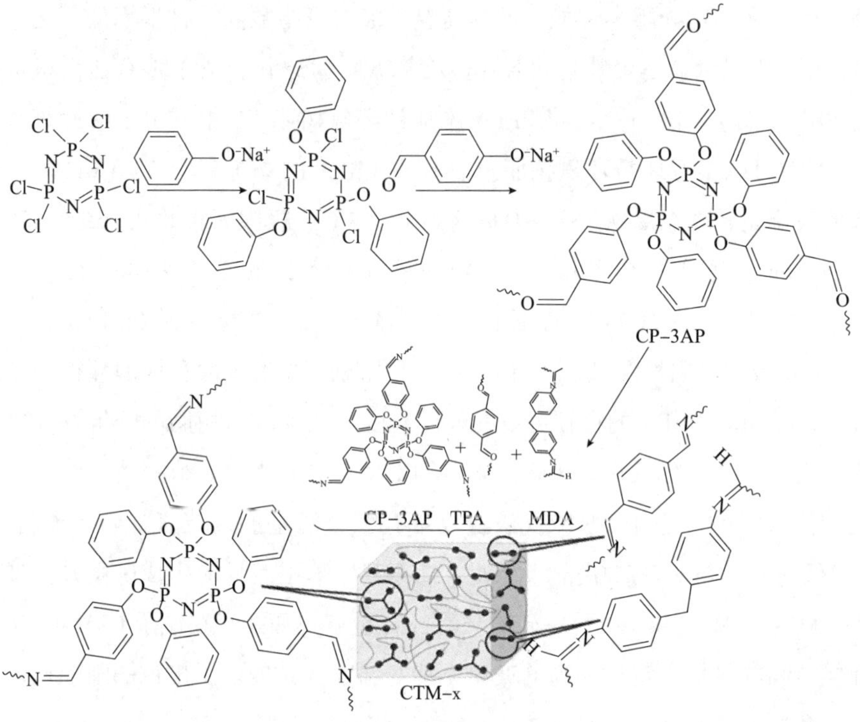

(b)

图 2-10　聚磷腈 PBFA 的合成(a)和磷腈基类玻璃高分子 CTM-x 的合成(b)(续)

2.7　聚磷腈 PZS

2.7.1　PZS 的制备

PZS，英文全称为 Poly(cyclotriphosphazene-co-4，4′-sulfonyldiphenol)，是一种高度交联的聚磷腈，由六氯三聚磷腈和双酚 S 聚合而成。

2006 年，Tang 等最先报道了 PZS 的合成，方法包括：①将 0.50g 六氯三聚磷腈溶解在 100mL 丙酮中，在溶液中加入 0.87g 三乙胺和 7.9mg 水；②在室温下搅拌 30min 后，加入 0.75g 双酚 S，继续搅拌 3h；③通过过滤、洗涤、干燥收集生成的白色固体。

整个反应过程如图 2-11(a)所示。①六氯三聚磷腈遇水脱除氯原子生成盐酸(反应 1)，而盐酸遇到三乙胺将生成三乙胺盐酸盐(反应 2)，促进反应 1 的进行；②三乙胺盐酸盐从丙酮中沉淀出来形成具有六边形横截面的针状晶体，在30min内缓慢长大到直径为几μm的管状晶体，充当后续聚合的模板；③双酚S加入后，与已经脱除氯原子的六氯三聚磷腈聚合，生成PZS；④PZS就会从丙酮中沉淀出来并吸附在针状三乙胺盐酸盐表面；⑤通过洗涤将模板除掉以后，最终得到空心的PZS微管。使用扫描电子显微镜观察到PZS微管的直径为1～3μm，管壁厚度为200～500nm[图2－11(b)]。同一年，Tang等又通过改变实验条件合成了PZS纳米纤维。使用透射电子显微镜观察到PZS纳米纤维的直径为20～50nm，长度大于500nm，并且纳米纤维相互连接形成网状结构，有助于提高比表面积和孔隙率[图2－11(c)]。

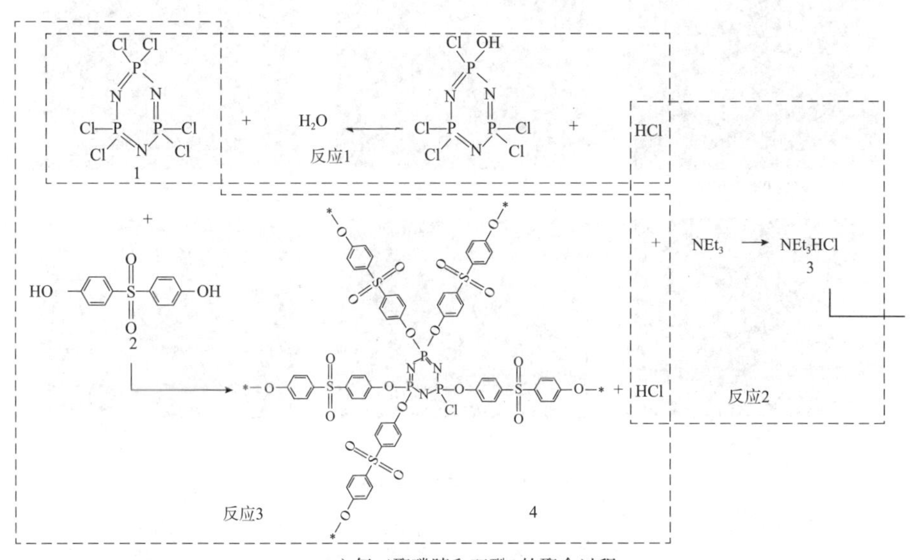

(b)六氯三聚磷腈和双酚S的聚合过程

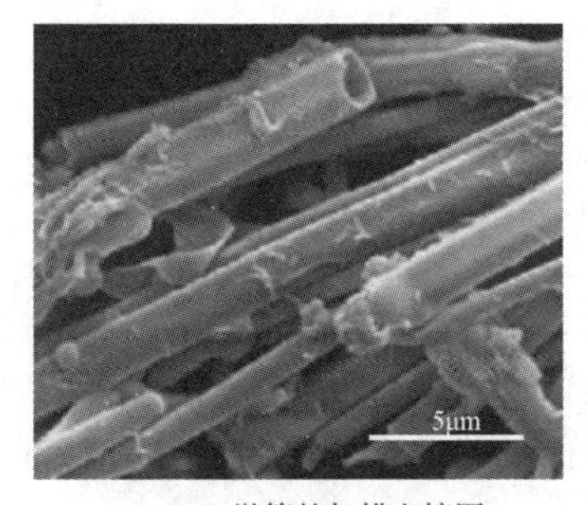

(b)PZS微管的扫描电镜图

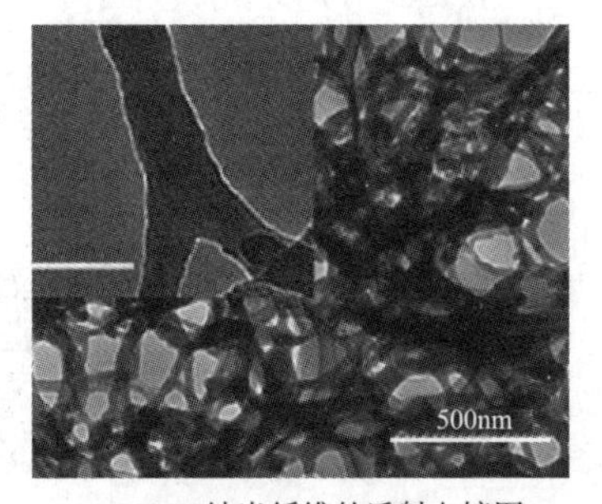

(c)PZS纳米纤维的透射电镜图

图2－11　六氯三聚磷腈和双酚S的聚合过程(a)、PZS微管的扫描电镜图(b)、PZS纳米纤维的透射电镜图(c)

基于前期的工作，Tang 等又通过调控实验参数合成了 PZS 微球。在这些工作中，研究者们发现 PZS 的最终形貌与六氯三聚磷腈的浓度有关。当其浓度低于 1.11mg · mL^{-1}时，PZS 呈现为表面光滑的球形[图 2 - 12(a) ~ (d)]；当其浓度达到 1.43mg · mL^{-1}以上时，球形 PZS 中开始混杂棒状或者纤维状的形貌[图 2 - 12(e) ~ (f)]。这主要是因为六氯三聚磷腈浓度高时，聚合过程中产生的三乙胺盐酸盐比较多，超过溶解度以后会从溶液中沉淀出来充当后续聚合的模板。研究中还发现，PZS 微球的尺寸与多种因素有关，在一定范围内与六氯三聚磷腈、温度、反应时间正相关，与三乙胺的加入量负相关。

图 2 - 12　不同的六氯三聚磷腈浓度下合成的 PZS

2.7.2　PZS 的表面基团

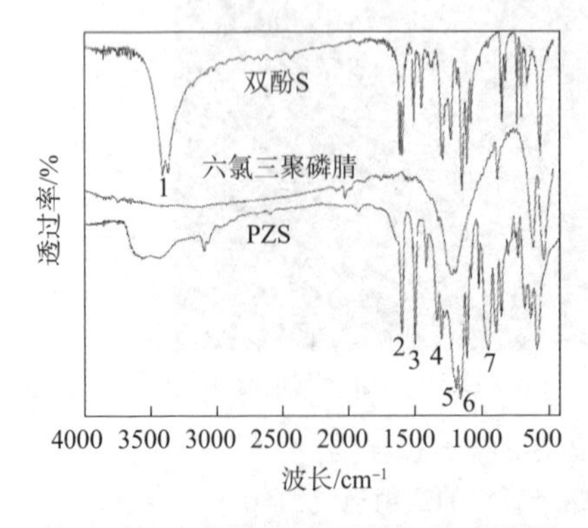

图 2 - 13　单体和 PZS 的红外光谱图

傅里叶变换红外光谱(图 2 - 13)显示，双酚 S 在 3410cm^{-1}和 3370cm^{-1}有两个强的吸收峰，对应(Ph)C—OH 的伸缩振动。当其与六氯三聚磷腈聚合生成 PZS 以后，上述特征峰消失，出现新的特征峰，其中 1588cm^{-1}、1490cm^{-1}处对应C═C(Ph)的伸缩振动，1295cm^{-1}、1152cm^{-1}处对应 O═S═O的伸缩振动，1185cm^{-1}处对应P═N的伸缩振动，940cm^{-1}处对应 P—O—(Ph)的伸缩振动。

2.7.3 PZS 的结构

使用固态核磁共振研究 PZS 的结构。如图 2-14 所示，^{13}C 谱显示 PZS 在153×10^{-6}、139×10^{-6}、129×10^{-6}、122×10^{-6}处有四个峰，而在 161×10^{-6}处(与羟基相连的苯环碳的化学位移)没有峰，这说明 PZS 中只存在四种类型的苯环碳，也就意味着双酚 S 中所有的酚羟基都已参与反应。^{31}P 谱显示 PZS 在 3×10^{-6}和 19×10^{-6}处有两个峰，也就是说 PZS 中磷原子存在两种连接结构，这意味着聚合后磷腈环骨架上的一部分磷原子与新的取代基相连，一部分磷原子则仍与氯原子相连。这可能是聚合过程中新的取代基产生的空间位阻过大导致六氯三聚磷腈中的氯原子无法被全部取代。

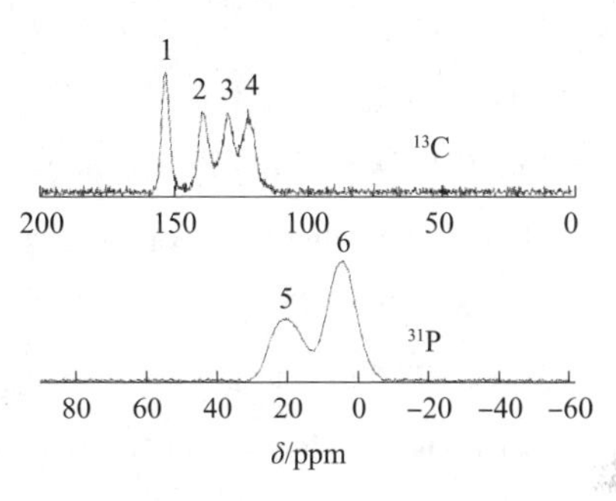

图 2-14 PZS 的^{13}C 和 ^{31}P 固态核磁谱

2.7.4 PZS 的热稳定性

惰性气氛下的热重分析结果显示 PZS 具有良好的热稳定性。如图 2-15 所示，100℃以内，PZS 有轻微的失重，这是由于脱去了在空气中吸收的水分。直到 512℃，PZS 自身才开始分解失重。当加热到 900℃，总失重率约为 42%。

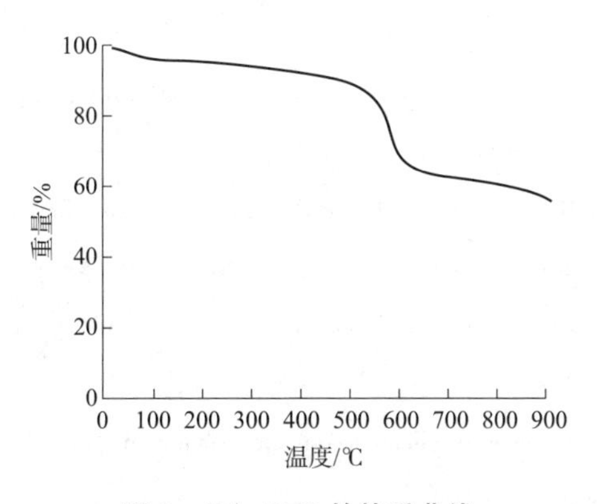

图 2-15 PZS 的热重曲线

参考文献

[1]宋升，徐亭，周楠，等．国外聚磷腈材料近十年研究进展[J]．塑料工业，2016，44：5 - 11.

[2]Khan R U，Wang L，Yu H，et al. Recent progress in the synthesis of poly(organo)phosphazenes and their applications in tissue engineering and drug delivery[J]. Russian Chemical Reviews，2018，87：109 - 150.

[3]Allcock H R. A perspective of polyphosphazene research[J]. Journal of Inorganic and Organometallic Polymers and Materials，2006，16：277 - 294.

[4]Ullah R S，Wang L，Yu H，et al. Synthesis of polyphosphazenes with different side groups and various tactics for drug delivery[J]. RSC Advances，2017，7：23363 - 23391.

[5]Amin A M，Wang L，Wang J，et al. Recent research progress in the synthesis of polyphosphazene and their applications[J]. Designed Monomers and Polymers，2012，12：357 - 375.

[6]Deng M，Kumbar S G，Wan Y，et al. Polyphosphazene polymers for tissue engineering：an analysis of material synthesis，characterization and applications[J]. Soft Matter，2010，6：3119 - 3132.

[7]Allcock H R. Synthesis，structures，and emerging uses for poly(organo - phosphazenes)[C]//Polyphosphazenes in Biomedicine，Engineering，and Pioneering Synthesis. American Chemical Society，2018：3 - 26.

[8]张晓光，毛明珍，黎汉生，等．聚磷腈的合成及应用研究进展[J]．应用化工，2021，50：2484 - 2489.

[9]Potin P，De Jaeger R. Polyphosphazenes：synthesis，structures，properties，applications[J]. European Polymer Journal，1991，27：341 - 348.

[10]Allcock H R，Kugel R L. Synthesis of high polymeric alkoxy - and aryloxyphosphonitriles[J]. Journal of the American Chemical Society，1965，87：4216 - 4217.

[11]Allcock H R. Polyphosphazenes：new polymers with inorganic backbone atoms[J]. Science，1976，193：1214 - 1219.

[12]Allcock H R. Recent advances in phosphazene(phosphonitrilic)chemistry[J]. Chemical Reviews，1972，72：315 - 356.

[13]Allcock H R，Kugel R L. Phosphonitrilic compounds. Ⅷ. The reaction of o - aminophenol with phosphazenes[J]. Journal of the American Chemical Society，1969，91：5452 - 5456.

[14] Allcock H R, Chen C. Polyphosphazenes: phosphorus in inorganic – organic polymers [J]. Journal of Organic Chemistry, 2020, 85: 14286 – 14297.

[15] Amin A M, Wang L, Wang J, et al. Recent research progress in the synthesis of polyphosphazene elastomers and their applications [J]. Polymer – Plastics Technology and Engineering, 2010, 49: 1399 – 1405.

[16]李登海，李爱平，徐海青，等．线形聚磷腈的合成及其应用研究进展[J]．化工新型材料，2016，44：36 – 38.

[17] Ahmad M, Nawaz T, Hussain I, et al. Phosphazene cyclomatrix network – based polymer: chemistry, synthesis, and applications [J]. ACS Omega, 2022, 7: 28694 – 28707.

[18] Wan C, Huang X. Cyclomatrix polyphosphazenes frameworks (Cyclo – POPs) and the related nanomaterials: synthesis, assembly and functionalisation [J]. Materials Today Communications, 2017, 11: 38 – 60.

[19] Ogueri K S, Ogueri K S, Allcock H R, et al. Polyphosphazene polymers: the next generation of biomaterials for regenerative engineering and therapeutic drug delivery [J]. Journal of Vacuum Science and Technology B, 2020, 38: 030801.

[20] Rothemund S, Teasdale I. Preparation of polyphosphazenes: a tutorial review [J]. Chemical Society Reviews, 2016, 45: 5200 – 5215.

[21] Carriedo G A, Garcia Alonso F J, Gomez – Elipe P, et al. A simplified and convenient laboratory – scale preparation of ^{14}N or ^{15}N high molecular weight poly (dichlorophosphazene) directly from PCl_5 [J]. Chemistry – A European Journal, 2003, 9: 3833 – 3836.

[22] Mujumdar A N, Young S G, Merker R L, et al. A study of solution polymerization of polyphosphazenes [J]. Macromolecules, 1990, 23: 14 – 21

[23] Allcock H R. The background and scope of polyphosphazenes as biomedical materials [J]. Regenerative Engineering and Translational Medicine, 2019, 7: 66 – 75.

[24] Honeyman C H, Manners I, Morrissey C T, et al. Ambient temperature synthesis of poly (dichlorophosphaene) with molecular weight control [J]. Journal of the American Chemical Society, 1995, 117: 7035 – 7036.

[25] Teasdale I, Br üggemann O. Polyphosphazenes: multifunctional, biodegradable vehicles for drug and gene delivery [J]. Polymers, 2013, 5: 161 – 187.

[26] Allcock H R, Nelson J M, D Reeves S, et al. Ambient – temperature direct synthesis of poly (organophosphazenes) via the "living" cationic polymerization of organo – substituted phosphoranimines [J]. Macromolecules 1997, 30: 50 – 56.

[27] Soto A P, Manners I. Poly(ferrocenylsilane – b – polyphosphazene)(PFS – b – PP): a new class of organometallic – inorganic block copolymers[J]. Macromolecules, 2009, 42: 40 – 42.

[28] Allcock H R. The expanding field of polyphosphazene high polymers[J]. Dalton Transactions, 2016, 45: 1856 – 1862.

[29] Rothemund S, Aigner T B, Iturmendi A, et al. Degradable glycine – based photo – polymerizable polyphosphazenes for use as scaffolds for tissue regeneration[J]. Macromolecular Bioscience, 2015, 15: 351 – 363.

[30] Ogueri K S, Allcock H R, Laurencin C T. Generational biodegradable and regenerative polyphosphazene polymers and their blends with poly(lactic – co – glycolic acid)[J]. Progress in Polymer Science, 2019, 98: 101146.

[31] Laurencin C T, Morris C D, Pierre – Jacques H, et al. Osteoblast culture on bioerodible polymers: studies of initial cell adhesion and spread[J]. Polymers for Advanced Technologies, 1992, 3: 359 – 364.

[32] Baillargeon A L, Mequanint K. Biodegradable polyphosphazene biomaterials for tissue engineering and delivery of therapeutics[J]. Biomed Research International, 2014, 2014: 761373.

[33] Sethuraman S, Nair L S, El – Amin S, et al. Mechanical properties and osteocompatibility of novel biodegradable alanine based polyphosphazenes: side group effects[J]. Acta biomaterialia, 2010, 6: 1931 – 1937.

[34] Allcock H R, Morozowich N L. Bioerodible polyphosphazenes and their medical potential[J]. Polymer Chemistry, 2012, 3: 578 – 590.

[35] Boileau S, Illy N. Activation in anionic polymerization: why phosphazene bases are very exciting promoters[J]. Progress in Polymer Science, 2011, 36: 1132 – 1151.

[36] Huang Y, Fu J, Zhou Y, et al. Pervaporation performance of trifluoroethoxy substituting polyphosphazene membrane for different organic compounds aqueous solutions[J]. Desalination and Water Treatment, 2012, 24: 210 – 219.

[37] Yang Z, Zhang W, Li J, et al. Polyphosphazene membrane for desulfurization: selecting poly[bis(trifluoroethoxy)phosphazene] for pervaporative removal of thiophene[J]. Separation and Purification Technology, 2012, 93: 15 – 24.

[38] Yang Z, Wang Z, Li J, et al. Polyphosphazene membranes with phenoxyls for enhanced desulfurization[J]. RSC Advances, 2012, 2: 11432 – 11437.

[39] Huang Y, Fu J, Pan Y, et al. Pervaporation of ethanol aqueous solution by polyphosphazene membranes: effect of pendant groups[J]. Separation and Purification Technology, 2009, 66:

504 - 509.

[40] Venna S R, Spore A, Tian Z, et al. Polyphosphazene polymer development for mixed matrix membranes using SIFSIX - Cu - 2i as performance enhancement filler particles[J]. Journal of Membrane Science, 2017, 535: 103 - 112.

[41] Nagai K, Freeman B D, Cannon A, et al. Gas permeability of poly(bis - trifluoroethoxyphosphazene) and blends with adamantane amino/trifluoroethoxy (50/50) polyphosphazene [J]. Journal of Membrane Science, 2000, 172: 167 - 176.

[42] Orme C J, Harrup M K, Luther T A, et al. Characterization of gas transport in selected rubbery amorphous polyphosphazene membranes [J]. Journal of Membrane Science, 2001, 186: 249 - 256.

[43] Kusuma V A, McNally J S, Baker J S, et al. Cross - linked polyphosphazene blends as robust CO_2 separation membranes[J]. ACS Applied Materials and Interfaces, 2020, 12: 30787 - 30795.

[44] Zou W, Shang H, Han X, et al. Enhanced polyphosphazene membranes for CO_2/CH_4 separation via molecular design[J]. Journal of Membrane Science, 2022, 656: 120661.

[45] Afzal J, Fu Y, Luan T - X, et al. Highly effective proton - conductive matrix - mixed membrane based on a - SO_3H - functionalized polyphosphazene[J]. Langmuir, 2022, 38: 10503 - 10511.

[46] Dong Y, Xu H, Fu F, et al. Preparation and evaluation of crosslinked sulfonated polyphosphazene with poly(aryloxy cyclotriphosphazene) for proton exchange membrane[J]. Journal of Energy Chemistry, 2016, 25: 472 - 480.

[47] Blonsky P M, Shriver D F, Austin P, et al. Polyphosphazene solid electrolytes[J]. Journal of the American Chemical Society, 1984, 106: 6854 - 6855.

[48] Jankowsky S, Hiller M M, Wiemhöfer H D. Preparation and electrochemical performance of polyphosphazene based salt - in - polymer electrolyte membranes for lithium ion batteries[J]. Journal of Power Sources, 2014, 253: 256 - 262.

[49] 王苍. 高密度糖基化聚丙烯微孔亲和膜的点击化学制备及其蛋白质分离研究[D]. 杭州: 浙江大学, 2011.

[50] Qian Y - C, Ren N, Huang X - J, et al. Glycosylation of polyphosphazene nanofibrous membrane by click chemistry for protein recognition[J]. Macromolecular Chemistry and Physics, 2013, 214: 1852 - 1858.

[51] Kim M H, Jun Y J, Elzatahry A, et al. Hydrophobic guest mediated micellization and demicellization of rationally designed amphiphilic poly(organophosphazene) for efficient drug delivery[J]. Science of Advanced Materials, 2016, 8: 1553 - 1562.

[52] Reddy N S, Krishna Rao K S V, Eswaramma S, et al. Synthesis of dual responsive cyclotriphosphazene – based IPN hydrogels for controlled release of chemotherapeutic agent[J]. Polymers for Advanced Technologies, 2016, 27: 374 – 381.

[53] Chun C, Lee S M, Kim S Y, et al. Thermosensitive poly (organophosphazene) – paclitaxel conjugate gels for antitumor applications[J]. Biomaterials, 2009, 30: 2349 – 2360.

[54] Hou S, Chen S, Dong Y, et al. Biodegradable cyclomatrix polyphosphazene nanoparticles: a novel pH – responsive drug self – framed delivery system[J]. ACS Applied Materials and Interfaces, 2018, 10: 25983 – 25993.

[55] Quiñones J P, Iturmendi A, Henke H, et al. Polyphosphazene – based nanocarriers for the release of agrochemicals and potential anticancer drugs[J]. Journal of Materials Chemistry B, 2019, 7: 7783 – 7794.

[56] Akter F. Tissue engineering made easy[M]. Academic Press, 2016.

[57] Andrianov A K. Polyphosphazenes for biomedical applications[J]. John Wiley & Sons, 2009.

[58] Laurencin C T, Norman M E, Elgendy H M, et al. Use of polyphosphazenes for skeletal tissue regeneration[J]. Journal of Biomedical Materials Research, 1993, 27: 963 – 973.

[59] Huang Y, Du Z, Li K, et al. ROS – scavenging electroactive polyphosphazene – based core – shell nanofibers for bone regeneration[J]. Advanced Fiber Materials, 2022, 4: 894 – 907.

[60] Sobhani A, Rafienia M, Ahmadian M, et al. Fabrication and characterization of polyphosphazene/calcium phosphate scaffolds containing chitosan microspheres for sustained release of bone morphogenetic protein 2 in bone tissue engineering[J]. Tissue Engineering And Regenerative Medicine, 2017, 14: 525 – 538.

[61] Ucan D, Kanik F E, Karatas Y, et al. Synthesis and characterization of a novel polyphosphazene and its application to biosensor in combination with a conducting polymer[J]. Sensors and Actuators B: Chemical, 2014, 201: 545 – 554.

[62] Ralston A R K, Tobin J A, Bajikar S S, et al. Comparative performance of linear, cross – linked, and plasma – deposited PMMA capacitive humidity sensors[J]. Sensors and Actuators B, 1994, 22: 139 – 147.

[63] Anchisini R, Faglia G, Gallazzi M C, et al. Polyphosphazene membrane as a very sensitive resistive and capacitive humidity sensor[J]. Sensors and Actuators B, 1996, 35 – 36: 99 – 102.

[64] Ozay H, Kagit R, Yildirim M, et al. Novel hexapodal triazole linked to a cyclophosphazene core rhodamine – based chemosensor for selective determination of Hg^{2+} ions[J]. Journal of

Fluorescence, 2014, 24: 1593 - 1601.

[65] Kagit R, Yildirim M, Ozay O, et al. Phosphazene based multicentered naked - eye fluorescent sensor with high selectivity for Fe^{3+} ions[J]. Inorganic chemistry, 2014, 53: 2144 - 2151.

[66] Tümay S O. A novel selective "turn - on" fluorescent chemosensor based on thiophene appended cyclotriphosphazene schiff base for detection of Ag^{+} ions [J]. ChemistrySelect, 2021, 6: 10561 - 10572.

[67] Özcan E, Tümay S O, Alidağı H A, et al. A new cyclotriphosphazene appended phenanthroline derivative as a highly selective and sensitive off - on fluorescent chemosensor for Al^{3+} ions[J]. Dyes and Pigments, 2016, 132: 230 - 236.

[68] Zhou X, Qiu S, Mu X, et al. Polyphosphazenes - based flame retardants: a review [J]. Composites Part B: Engineering, 2020, 202: 108397.

[69] Yang G, Wu W - H, Wang Y - H, et al. Synthesis of a novel phosphazene - based flame retardant with active amine groups and its application in reducing the fire hazard of epoxy resin [J]. Journal of Hazardous materials, 2019, 366: 78 - 87.

[70] Zhang X, Eichen Y, Miao Z, et al. Novel phosphazene - based flame retardant polyimine vitrimers with monomer - recovery and high performances [J]. Chemical Engineering Journal, 2022, 440: 135806.

[71] Zhu L, Huang X, Tang X. One - pot synthesis of novel poly (cyclotriphosphazene - co - sulfonyldiphenol) microtubes without external templates [J]. Macromolecular Materials and Engineering, 2006, 291: 714 - 719.

[72] Zhu L, Yuan W, Pan Y, et al. Preparation and characterization of novel poly[cyclotriphosphazene - co - (4, 4′ - sulfonyldiphenol)] nanofiber matrices [J]. Polymer International, 2006, 55: 1357 - 1360.

[73] Zhu L, Zhu Y, Pan Y, et al. Fully crosslinked poly [cyclotriphosphazene - co - (4, 4′ - sulfonyldiphenol)] microspheres via precipitation polymerization and their superior thermal properties[J]. Macromolecular Reaction Engineering, 2007, 1: 45 - 52.

[74] Zhu Y, Huang X, Li W, et al. Preparation of novel hybrid inorganic - organic microspheres with active hydroxyl groups using ultrasonic irradiation via one - step precipitation polymerization[J]. Materials Letters, 2008, 62: 1389 - 1392.

3 基于 PZS 构筑核壳结构复合材料

3.1 引言

具有核壳结构的纳米材料在催化、药物输运、能源转化和存储等领域有着广泛的应用。构筑核壳结构的方法有很多，包括共沉淀法、共还原法、表面包覆法、同轴静电纺丝法、微流体法等。常用的方法是表面包覆法。按照包覆层的不同，表面包覆法可以分为两种类型：①无机包覆，即将 SiO_2、Al_2O_3、TiO_2 等无机材料包覆在内核材料的表面；②有机包覆，即将聚多巴胺、聚苯胺、酚醛树脂等有机材料包覆在内核材料的表面。无机包覆层通常是化学惰性的，即在材料制备的过程中其主要存在形式不会发生化学转化。与此形成鲜明对比的是，有机包覆层的一个重要特征就是具有化学反应活性。如在惰性气氛下煅烧时，有机包覆层可以发生分子链的断裂、重组，从而转化为碳层。这种在内核材料表面包碳的方法被广泛地应用于电化学领域提高电极材料的性能和催化领域提高内核活性物种的稳定性。此外，如果有机包覆层中含有杂原子的话，还可能和内核材料发生化学反应，形成其他具有特定结构的功能化纳米材料。但是，截至目前，已有的研究工作中报道的有机包覆材料，特别是可以实现普适性包覆的材料仍然非常有限。PZS 作为一种具有交联结构的无机 - 有机杂化材料，其大分子骨架结构上—P═N—交替排列，支链上含有苯环和含硫、氧官能团，具备与其他内核材料产生相互作用的位点，因此，是一种潜在的构筑核壳结构的壳层材料。

3.2 实验材料

实验所用试剂如表 3 - 1 所示。

表 3－1 实验所用试剂

中/英文名称	化学式	纯度	采购公司
氟化钠(Sodium Fluoride)	NaF	99＋%	ACROS
三水合醋酸钠(Sodium Acetate Trihydrate)	$CH_3COONa \cdot 3H_2O$	99＋%	ACROS
PVP(Mw～55000)	—	—	sigma－Aldrich
油胺(Oleylamine)	$C_{18}H_{37}N$	70%	sigma－Aldrich
氧化锆(Zirconium Dioxide)	ZrO_2	—	sigma－Aldrich
抗坏血酸(L～ascorbic Acid)	$C_6H_8O_6$	99%	Alfa－Aesar
双酚S(4，4'－Suifonyldiphenol)	$C_{12}H_{10}O_4S$	99%	Alfa－Aesar
六水合硝酸锌(Zinc Nitrate Hexahydrate)	$Zn(NO_3)_2 \cdot 6H_2O$	98%	Alfa－Aesar
六水合氯化铁(Iron Chloride Hexahydrate)	$FeCl_3 \cdot 6H_2O$	97%	Alfa－Aesar
六氯三聚磷腈(Phosphonitrilic Chloride Trimer)	$Cl_6N_3P_3$	98%	Alfa－Aesar
水合三氯化钌(Puthenium Chloride Hydrate)	$RuCl_3 \cdot xH_2O$	—	Aladdin
四氯钯酸钾[Potassium Palladium（Ⅱ）Chloride]	K_2PdCl_4	—	Aladdin
氯铂酸六水合物(Chloroplatinic Acid Hexahydrate)	$H_2PtCl_6 \cdot 6H_2O$	—	Aladdin
三乙胺(Triethylamine)	$C_6H_{15}N$	99%	百灵威
2－甲基咪唑(2－Methylimidazole)	$C_4H_6N_2$	99%	百灵威
葡萄糖(Glucose)	$C_6H_{12}O_6$	分析纯	国药集团
碳酸钠(Sodium Carbonate)	Na_2CO_3	分析纯	国药集团
磷酸二氢钠(Sodium Dihydrogen Phosphate)	NaH_2PO_4	分析纯	国药集团
溴化钾(Potassium Bromide)	KBr	分析纯	国药集团
无水乙二胺(Ethylenediamine)	$C_2H_8N_2$	分析纯	国药集团
乙酰丙酮铁[Iron(Ⅲ) Acetylacetonate]	$Fe(C_5H_7O_2)_3$	97%	国药集团
氧化石墨烯(Graphene Oxide)	—	—	天津普兰
多壁碳纳米管(Multi－wall Carbon Nanotube)	—	—	深圳纳米港
锐钛矿型二氧化钛(Anatase Titanium Oxide)	TiO_2	—	北京德科岛金
金红石型二氧化钛(Anatase Titanium Oxide)	TiO_2	—	北京德科岛金
氧化锆(Zirconium Dioxide)	ZrO_2	—	南京先丰纳米
碳酸钙(Calcium Carbonate)	$CaCO_3$	—	南京先丰纳米
磷酸铁锂(Lithium Iron Phosphate)	$LiFePO_4$	—	东莞科路得

3.3 制备方法

3.3.1 不同内核材料的制备

为了考察 PZS 包覆技术的普适性，研究中选择了贵金属、金属化合物、碳材料等不同的内核材料(表 3－2)。

表 3－2 内核材料的种类

贵金属	Pd 或 Pt 纳米颗粒
金属化合物	Fe_3O_4、α－Fe_2O_3、α－FeOOH、ZrO_2、$CaCO_3$、$LiFePO_4$、金红石型 TiO_2、锐钛矿型 TiO_2
金属有机框架材料	ZIF－8、ZIF－67、ZnCo－ZIF
碳材料	氧化石墨烯、碳球、碳纳米管
复合材料	表面负载有 Fe_3O_4 的多壁碳纳米管

除 ZrO_2、$CaCO_3$、$LiFePO_4$、金红石型 TiO_2、锐钛矿型 TiO_2、氧化石墨烯、碳纳米管外，其他内核材料为实验室合成，方法如下。

(1) Pd 纳米颗粒的制备。

①将 210mg 的 PVP(分子量为 55000)，120mg 的抗坏血酸和 600mg 的溴化钾溶解在 16mL 的水中，在 80℃ 油浴下搅拌 30min；②滴加 3mL 四氯钯酸钾溶液(189mg K_2PdCl_4 溶解在 9mL 水中)和 1mL 氯化钌溶液(40mg $RuCl_3 \cdot xH_2O$ 溶解在 8mL 水中)；③反应混合物在 80℃ 条件下继续搅拌 30min，将所得固体离心并用去离子水洗涤几次。

(2) Pt 纳米颗粒的制备。

①取 6mg 的 $H_2PtCl_6 \cdot 6H_2O$ 和 2mL 的油胺加入 8mL 的 DMF 中，搅拌 1h 后，所得透明溶液转移至 50mL 的水热釜中，于 160℃ 烘箱中水热 12h；②反应结束后，冷却至室温，将所得黑色固体离心并用乙醇和丙酮洗涤几次。

(3) Fe_3O_4 纳米簇的制备。

①将 1.35g 的 $FeCl_3 \cdot 6H_2O$ 溶解在 40mL 的乙二醇中，得到澄清的棕色溶液；②加入 3.6g 的三水合醋酸钠和 10mL 的无水乙二胺，搅拌 30min 后，转移到 100mL 的水热釜中，于 200℃ 烘箱中水热 8h；③反应结束后，冷却至室温，将所

得黑色固体离心并用乙醇洗涤3次，之后在室温真空干燥箱中干燥6h。

(4)梭形 $\alpha-Fe_2O_3$ 的制备。

①将0.45g的 $FeCl_3 \cdot 6H_2O$ 溶解在75mL的 NaH_2PO_4 溶液(0.45mmol/L)中，所得橙色溶液转移到100mL的水热釜中，于105℃烘箱中水热48h；②反应结束后，冷却至室温，将所得橘红色固体离心并用乙醇洗涤3次，之后在室温真空干燥箱中干燥6h。

(5)X型 $\alpha-FeOOH$ 的制备。

①将53mg的氟化钠和20mg的碳酸钠加入80mL的 $FeCl_3 \cdot 6H_2O$ 溶液(0.12mmol/L)中，搅拌15min后，所得澄清溶液转移到100mL的水热釜中，于150℃烘箱中水热12h；②反应结束后，冷却至室温，将所得黄色固体用5000r/min的转速离心并用去离子水洗涤几次，之后在80℃干燥12h。

(6)Zn基金属有机框架材料ZIF-8的制备。

①将1.758g的六水合硝酸锌溶解在30mL甲醇中，记作溶液A；②将3.888g的2-甲基咪唑溶解在30mL的甲醇中，记作溶液B；③在搅拌下，将溶液B倒进溶液A中，继续搅拌1.5h；④将所得白色固体离心并用甲醇洗涤3次，之后在室温真空干燥箱中干燥12h。

(7)Co基金属有机框架材料ZIF-67的制备。

①将0.9g的六水合硝酸钴溶解在6mL水中，记作溶液A；②将11g的2-甲基咪唑溶解在40mL的甲醇中，记作溶液B；③在搅拌下，将溶液A倒进溶液B中，继续搅拌2h；④将所得紫色固体离心并用甲醇洗涤3次，之后在室温真空干燥箱中干燥12h。

(8)MWCNT-Fe_3O_4 复合材料的制备。

①将300mg乙酰丙酮铁和80mg MWCNT加入48mL的三乙二醇中，超声分散10min；②在氩气保护下，将反应混合物迅速加热至190℃并维持30min，然后迅速加热至278℃并维持30min；③反应结束后，冷却至室温，将所得固体离心并用乙酸乙酯洗涤5次，在室温真空干燥箱中干燥3h。

(9)碳球的制备。

①将4.5g的葡萄糖溶解在30mL的水中，所得澄清透明的溶液转移到40mL的水热釜中，于190℃烘箱中水热4h；②反应结束后，冷却至室温，将所得固体离心并用去离子水和乙醇洗涤几次，之后在80℃烘箱中干燥12h。

3.3.2 PZS 在不同内核材料表面的包覆

制备的具体步骤包括：①将一定量的内核材料在超声波的作用下完全分散在甲醇中；②取一定量的六氯三聚磷腈、双酚 S(摩尔比 1∶3)溶解在甲醇中，将其逐滴加入内核材料的分散液中；③搅拌 5min 后，缓慢滴加三乙胺，继续搅拌 6h；④收集所得固体，用甲醇洗涤 3 次，并在室温真空干燥箱中干燥 12h。

3.4 实验结果与讨论

3.4.1 PZS 包覆前后的表征分析

3.4.1.1 PZS 包覆在贵金属纳米颗粒表面

贵金属纳米颗粒，如 Pd、Pt、Au 等，在催化领域应用广泛。构筑含有贵金属的核壳结构，可以提高贵金属纳米颗粒的活性、选择性或者稳定性。研究中以 Pd 或 Pt 纳米颗粒为代表，考察 PZS 对贵金属的包覆情况。如图 3－1 所示，实验中制备的 Pd 纳米颗粒为四角菱形结构，Pt 纳米颗粒为簇状结构。当六氯三聚磷腈和双酚 S 加进 Pd 或者 Pt 纳米颗粒的分散液后，六氯三聚磷腈和双酚 S 可以在纳米颗粒的表面原位聚合，形成以贵金属为核、PZS 为壳的球形复合材料。每个 PZS 球所包含的贵金属纳米颗粒数量有所不同，推测与包覆前纳米颗粒在溶液中的分散性有关。

(a)Pd纳米颗粒表面包覆PZS前

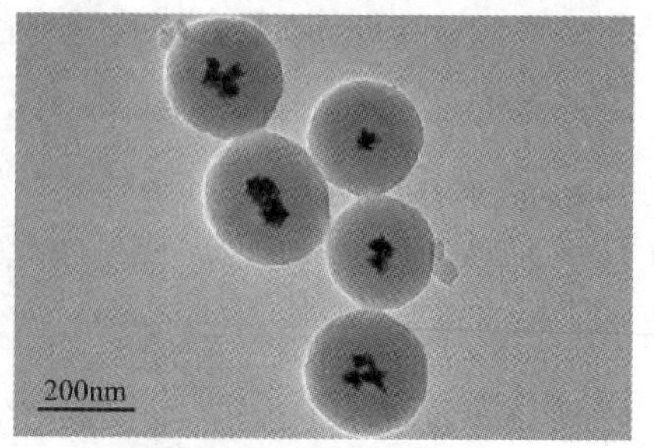

(b)Pd纳米颗粒表面包覆PZS后

图 3－1 PZS 包覆在贵金属纳米颗粒表面前后对比图

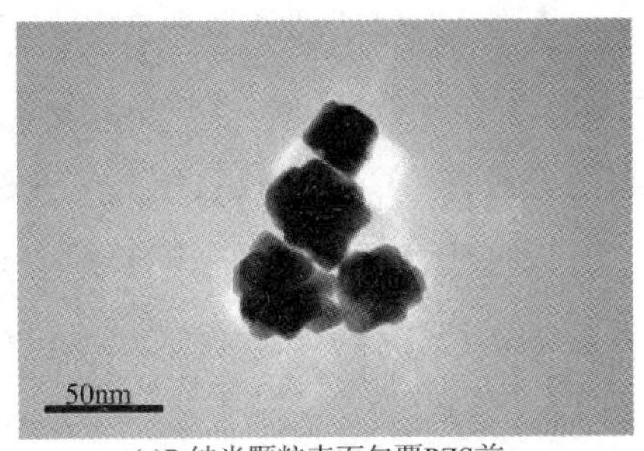

(c)Pt纳米颗粒表面包覆PZS前　(d)Pt纳米颗粒表面包覆PZS后

图3－1　PZS包覆在贵金属纳米颗粒表面前后对比图(续)

3.4.1.2　PZS包覆在金属化合物表面

如图3－2所示，选择具有不同形貌的金属化合物作为内核材料，研究PZS

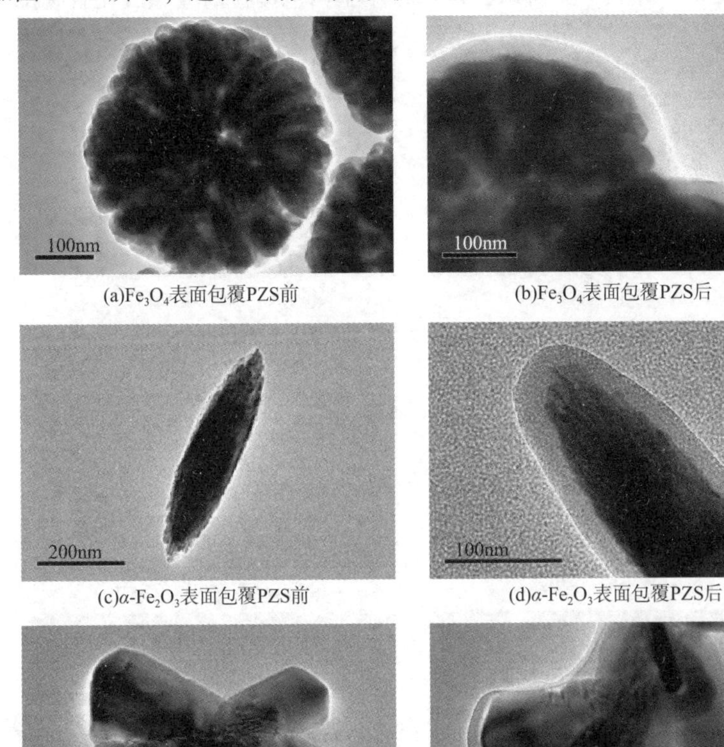

(a)Fe_3O_4表面包覆PZS前　(b)Fe_3O_4表面包覆PZS后

(c)α-Fe_2O_3表面包覆PZS前　(d)α-Fe_2O_3表面包覆PZS后

(e)α-FeOOH表面包覆PZS前　(f)α-FeOOH表面包覆PZS后

图3－2　PZS包覆在金属化合物表面前后对比图

是否可以普适性地包覆在金属化合物表面。其中，Fe_3O_4 纳米颗粒为规则的簇状，尺寸约为350nm。$\alpha-Fe_2O_3$ 为梭形结构，长约400nm。α - FeOOH 为X形，对角线长约410nm。将上述纳米颗粒通过超声分散在甲醇中，然后加入PZS的单体，反应一定的时间。使用透射电镜观察，可以很明显地看到纳米颗粒的表面有一层衬度不同的物质，表明单体沿着纳米颗粒的边缘聚合，PZS已成功地包覆在纳米颗粒的表面。

除此之外，研究中还选择了不同的商业金属化合物，包括 ZrO_2、$CaCO_3$、$LiFePO_4$、金红石型 TiO_2、锐钛矿型 TiO_2，研究PZS是否可以对商业金属化合物进行直接包覆改性。其中除了 $LiFePO_4$ 为纳米片状，其他商业金属化合物均为不规则的纳米颗粒。如图3-3所示，PZS同样能够包覆在商业金属化合物的表面。

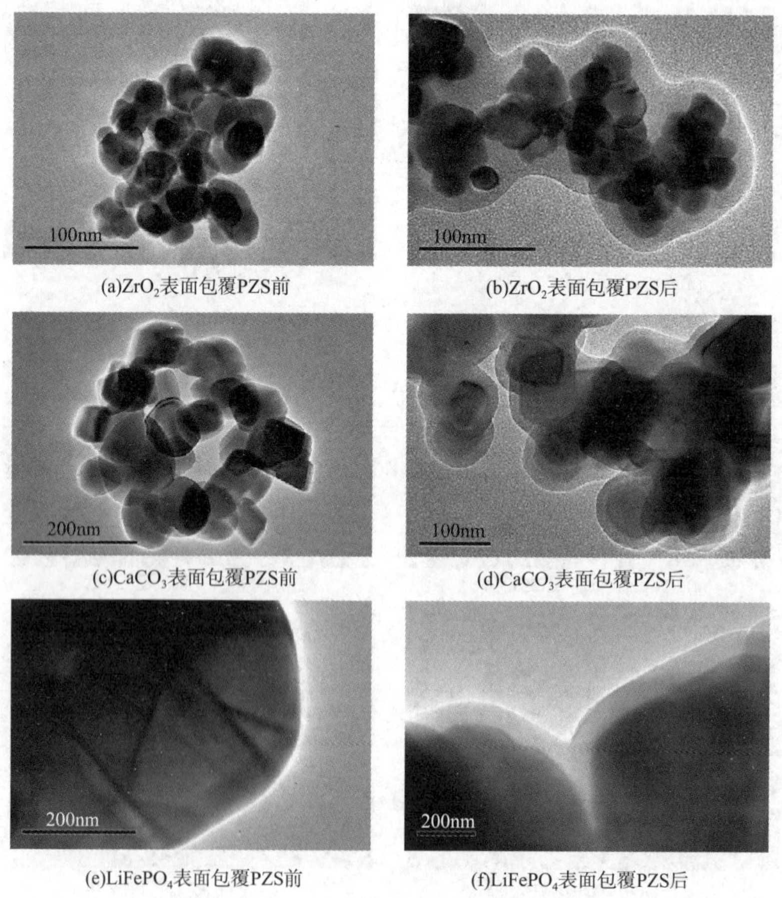

(a)ZrO_2表面包覆PZS前　(b)ZrO_2表面包覆PZS后

(c)$CaCO_3$表面包覆PZS前　(d)$CaCO_3$表面包覆PZS后

(e)$LiFePO_4$表面包覆PZS前　(f)$LiFePO_4$表面包覆PZS后

图3-3　PZS包覆在商业金属化合物表面前后对比图

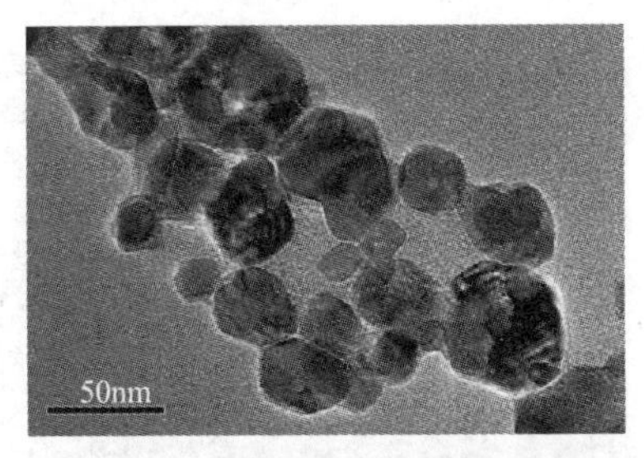

(g)金红石型TiO_2表面包覆PZS前

(h)金红石型TiO_2表面包覆PZS后

(i)锐钛矿型TiO_2表面包覆PZS前

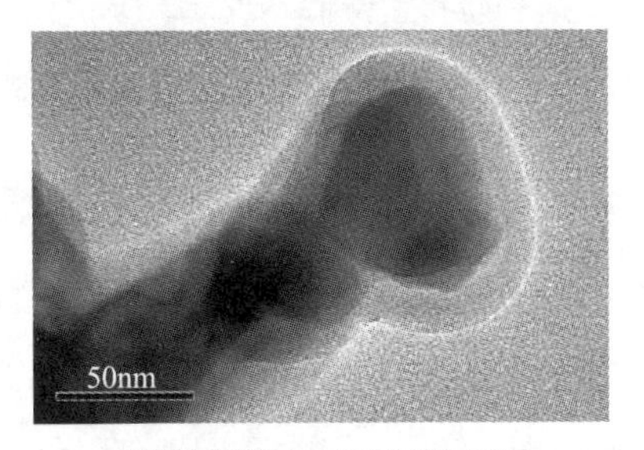

(j)锐钛矿型TiO_2表面包覆PZS后

图3-3 PZS包覆在商业金属化合物表面前后对比图(续)

3.4.1.3 PZS包覆在金属有机框架材料的表面

金属有机框架材料(Metal-Organic Framework，MOF)是由无机金属中心与桥连的有机配体通过自组装相互连接而形成的一类具有周期性网络结构的有机-无机杂化材料。近年来，MOF已成为新材料领域的研究热点。比传统的无机多孔材料具有更多的优势，如孔隙率高、比表面积大、结构多样性、兼具刚性和柔性等，在气体吸附与分离、能量存储、离子导电、荧光与传感、催化等方面有着广泛的应用。研究中以Zn基和Co基金属有机框架材料为代表，研究PZS包覆方法的适用性。从图3-4中可以看到，ZIF-8和ZIF-67均为多面体构型。六氯三聚磷腈和双酚S可以在MOF的表面原位聚合为PZS，而不会破坏MOF的结构。

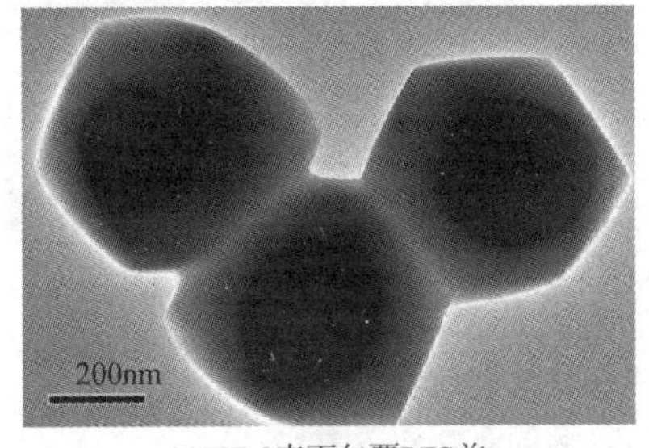

(a)ZIF-8表面包覆PZS前

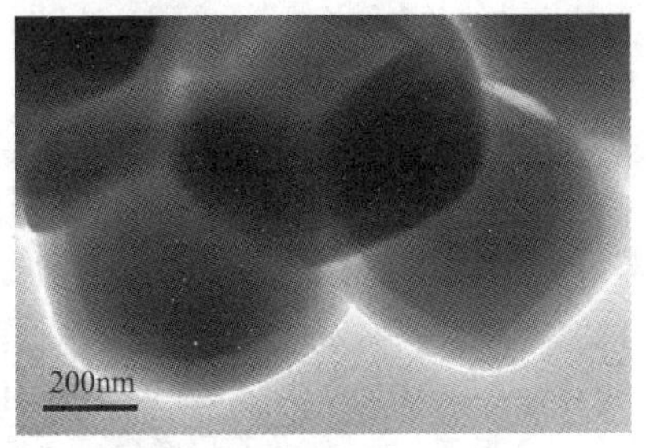

(b)ZIF-8表面包覆PZS后

图3-4 PZS包覆在金属有机框架材料表面前后对比图

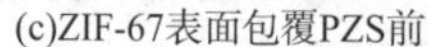

(c)ZIF-67表面包覆PZS前　　(d)ZIF-67表面包覆PZS后

图 3－4　PZS 包覆在金属有机框架材料表面前后对比图(续)

3.4.1.4　PZS 包覆在碳材料的表面

除了上述含金属的内核材料，研究中还考察了 PZS 在氧化石墨烯(Graphene Oxide，GO)、碳球(C Sphere)和碳纳米管(Carbon Nanotube，CNT)这些碳材料表面的包覆情况。

(1)PZS 包覆在氧化石墨烯的表面。

如图 3－5 所示，扫描电镜显示氧化石墨烯为表面带有很多褶皱的纳米片结构。通过六氯三聚磷腈和双酚 S 对其表面改性后，氧化石墨烯纳米片的表面变得相对光滑并且厚度明显增加。使用透射电镜研究发现，改性后的氧化石墨烯纳米片的光透过率降低。这些现象均说明 PZS 已成功包覆在氧化石墨烯的表面。使用能谱仪(Energy Dispersive Spectroscopy，EDS)对改性后的氧化石墨烯的表面元素进行分析，结果显示碳、氮、磷、硫、氧在整个纳米片上均匀分布，进一步证实了 PZS 成功地包覆在氧化石墨烯的表面。

(a)氧化石墨烯表面包覆PZS前1　　(b)氧化石墨烯表面包覆PZS后1

图 3－5　PZS 包覆在氧化石墨烯表面前后对比图及
氧化石墨烯表面包覆 PZS 后的元素分布图

(c)氧化石墨烯表面包覆PZS前2

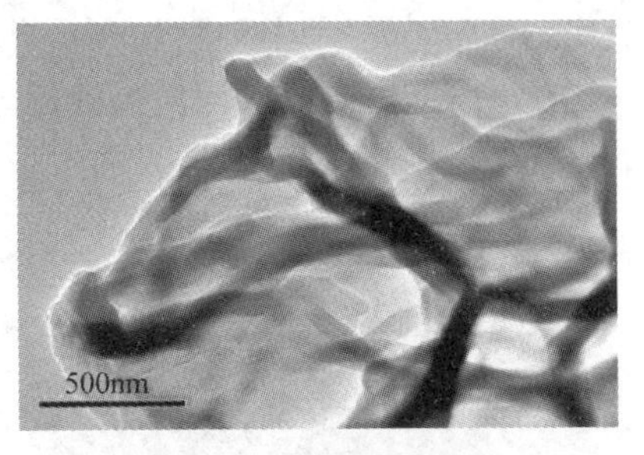

(d)氧化石墨烯表面包覆PZS后2

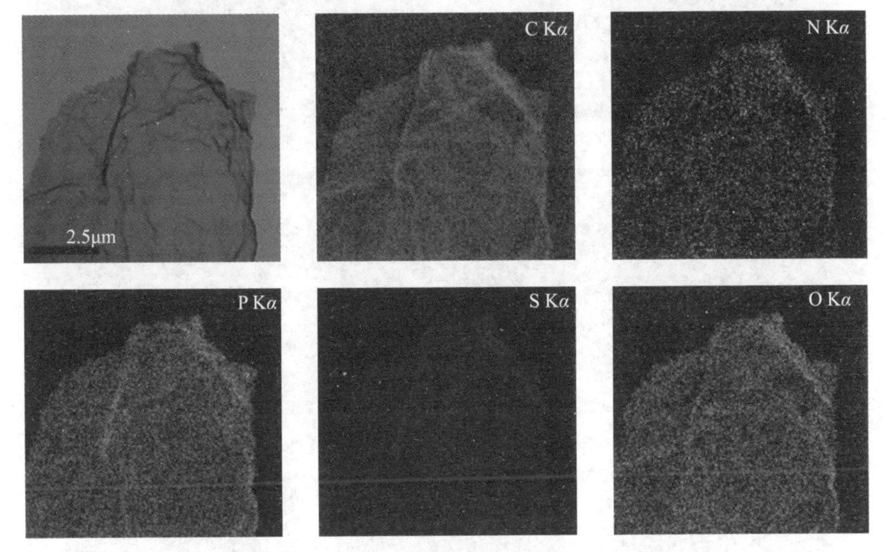

(e)氧化石墨烯表面包覆PZS后的元素分布图

图 3-5　PZS 包覆在氧化石墨烯表面前后对比图及氧化石墨烯表面包覆 PZS 后的元素分布图(续)

(2)PZS 包覆在碳球的表面。

从透射电镜图中可以看到，包覆 PZS 后，碳球的电子束透过率降低[图 3-6(a)~(b)]，同时扫描电镜图片显示碳球的表面变得更加光滑[图 3-6(c)~(d)]。元素分布图显示氮、磷、硫原子均匀地分布在改性碳球上[图 3-6(e)]，这表明碳球的表面已经被 PZS 所包覆。

(3)PZS 包覆在碳纳米管的表面。

碳纳米管的表面是化学惰性的，通常很难直接在它的表面包覆其他材料。常用的办法是先用强氧化性的浓酸处理碳纳米管，使其表面修饰上含氧官能团，再进行后续的包覆过程。这一修饰过程非常耗时，并且会产生大量的废酸。

令人惊喜的是，透射电镜图显示 PZS 可以直接包覆在碳纳米管的表面[图 3－7(a)～(b)]，而不需要经过任何预处理过程，这将极大地简化实验流程，并且当碳纳米管表面负载有纳米颗粒时(如 Fe_3O_4)，PZS 依然可以包覆在其表面[图 3－7(c)～(d)]。

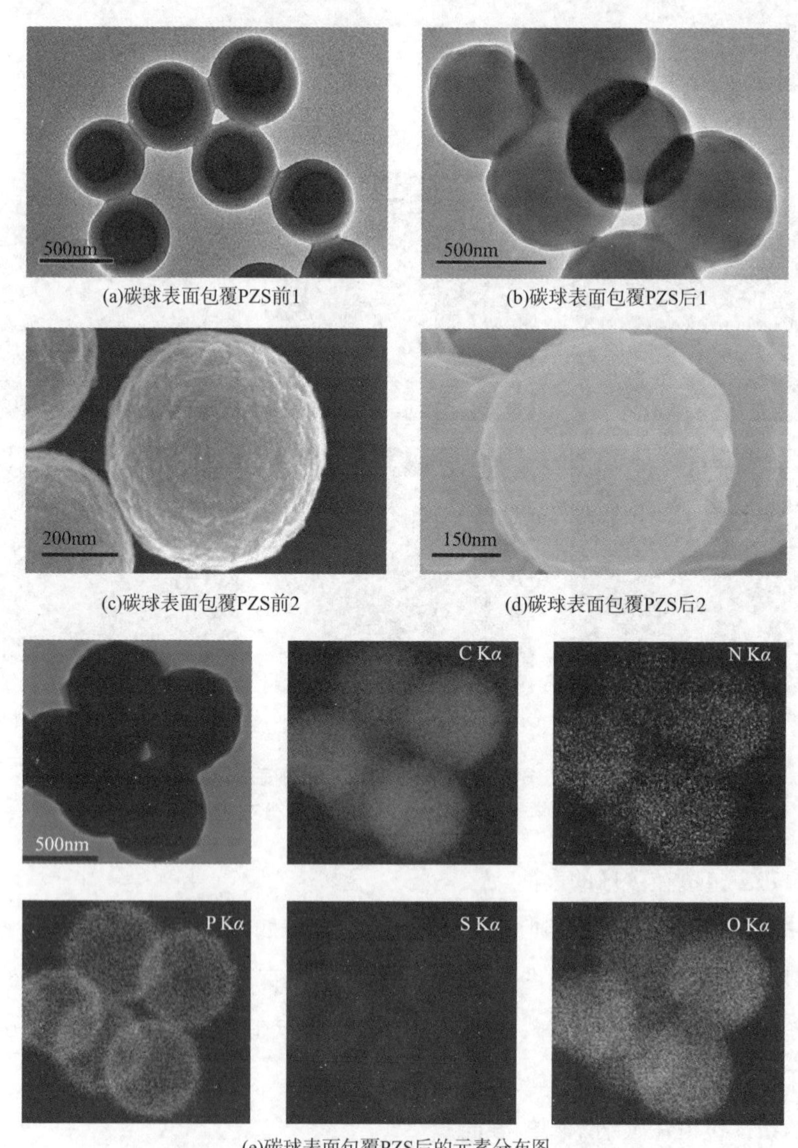

(a)碳球表面包覆PZS前1　(b)碳球表面包覆PZS后1

(c)碳球表面包覆PZS前2　(d)碳球表面包覆PZS后2

(e)碳球表面包覆PZS后的元素分布图

图 3－6　PZS 包覆在碳球表面前后对比图及碳球表面包覆 PZS 后的元素分布图

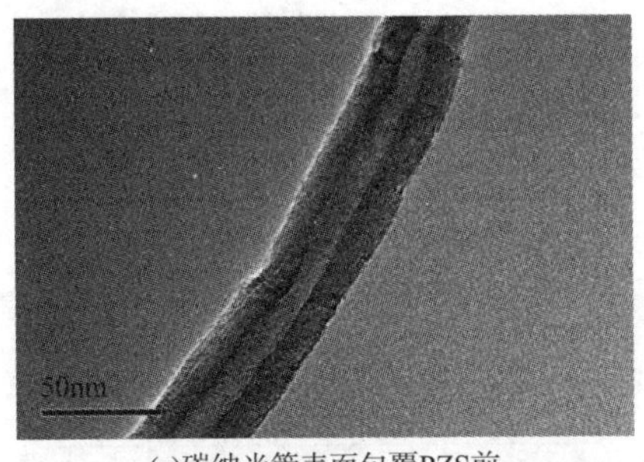

(a)碳纳米管表面包覆PZS前

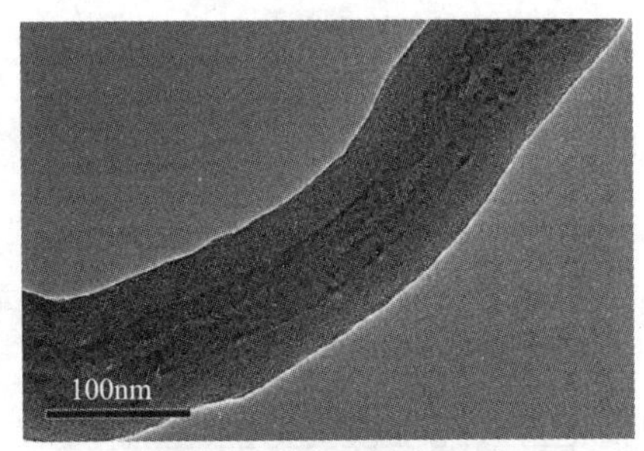

(b)碳纳米管表面包覆PZS后

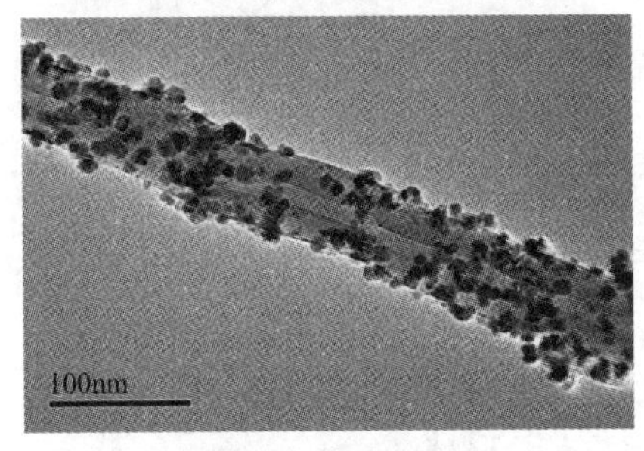

(c)四氧化三铁/碳纳米管复合材料表面包覆PZS前

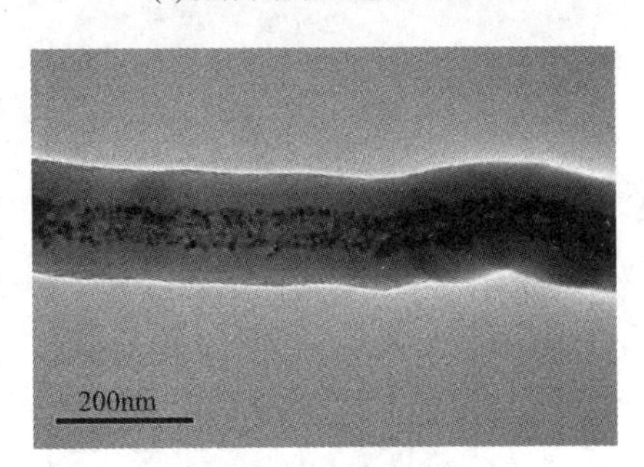

(d)四氧化三铁/碳纳米管复合材料表面包覆PZS后

图3－7　PZS包覆在碳纳米管表面前后对比图

综合以上结果，可以看到聚磷腈PZS对内核材料的包覆具有普适性，可以构筑以贵金属、金属化合物、金属有机框架材料、碳材料等为内核的核壳结构复合材料。

3.4.2　PZS包覆层对内核材料晶体结构的影响

六氯三聚磷腈和双酚S聚合成PZS时，要加入碱性的三乙胺引发剂，聚合过程中还会有盐酸中间产物。然而，很多金属类化合物通常对酸碱敏感。为了研究包覆PZS过程中三乙胺和盐酸这些酸碱性物质是否影响内核材料的晶体结构，分别对金属化合物和对应的包覆产物进行X射线衍射分析。从图3－8中可以看到，包覆PZS后，所有核壳复合材料均表现出与内核材料相同的XRD特征峰，说明在包覆过程中金属化合物自身的结构并不会被破坏。

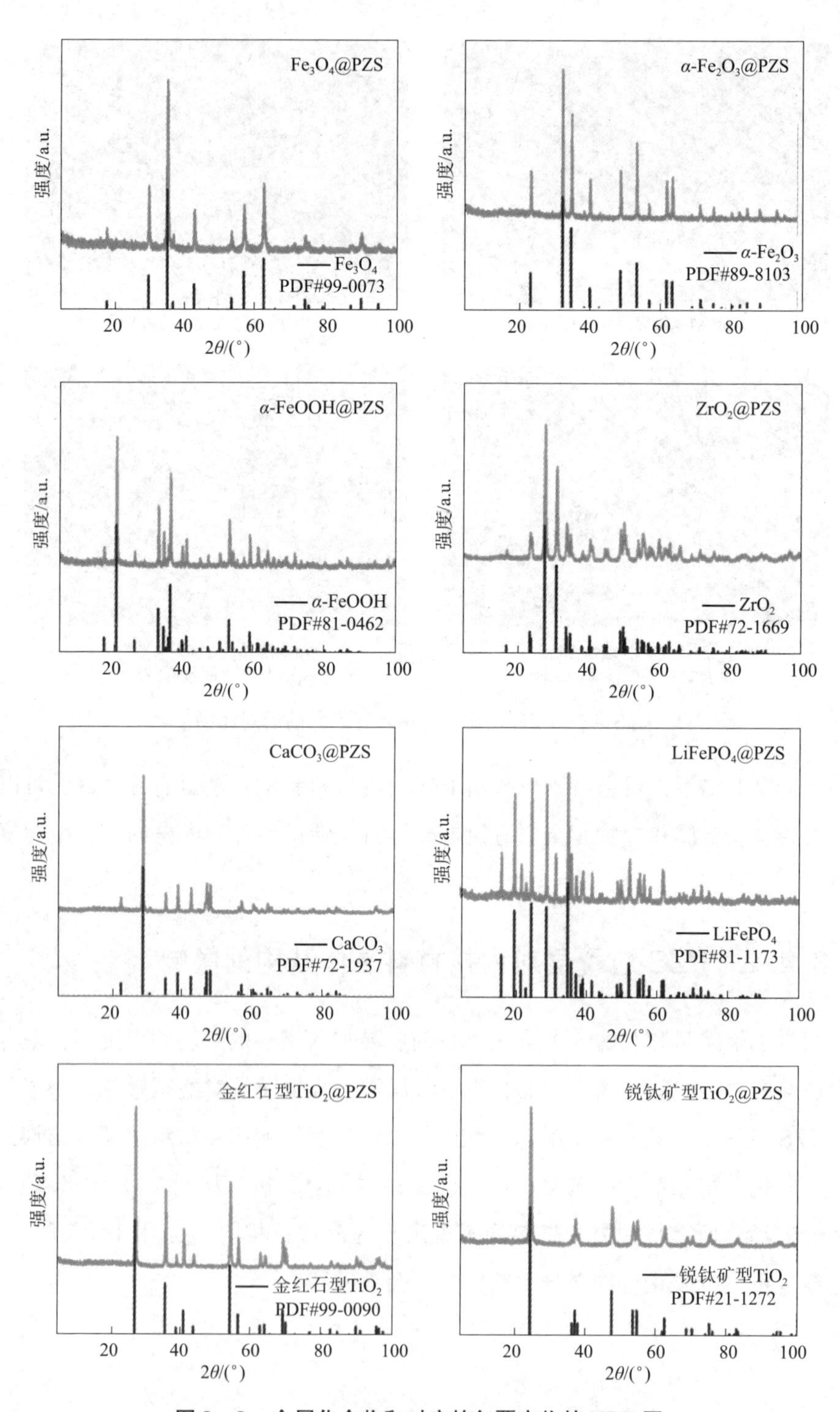

图 3-8　金属化合物和对应的包覆产物的 XRD 图

3.4.3 PZS 包覆层厚度的调控

对内核材料进行包覆改性的时候，有机包覆层的厚度需要精确控制，太薄或太厚都不好。若太薄，可能对内核材料起不到必要的保护作用；若太厚，则可能抑制内核材料发挥作用。研究中发现，对内核材料进行 PZS 包覆改性的时候，通过改变溶液中六氯三聚磷腈和双酚 S 单体的加入量，可以简单、高效地调控 PZS 包覆层的厚度。以直径 50nm 的碳纳米管为例[图 3－9(a)]，实验中加入三种浓度梯度的单体，既可以获得很薄的包覆层，厚度仅为(5±1)nm；也可以获得中等和较厚的包覆层，厚度分别为(17±2)nm、(51±1)nm。以 MOF 和 Fe_3O_4 为例，同样可以观察到 PZS 包覆层厚度的改变[图 3－9(b)～(c)]。

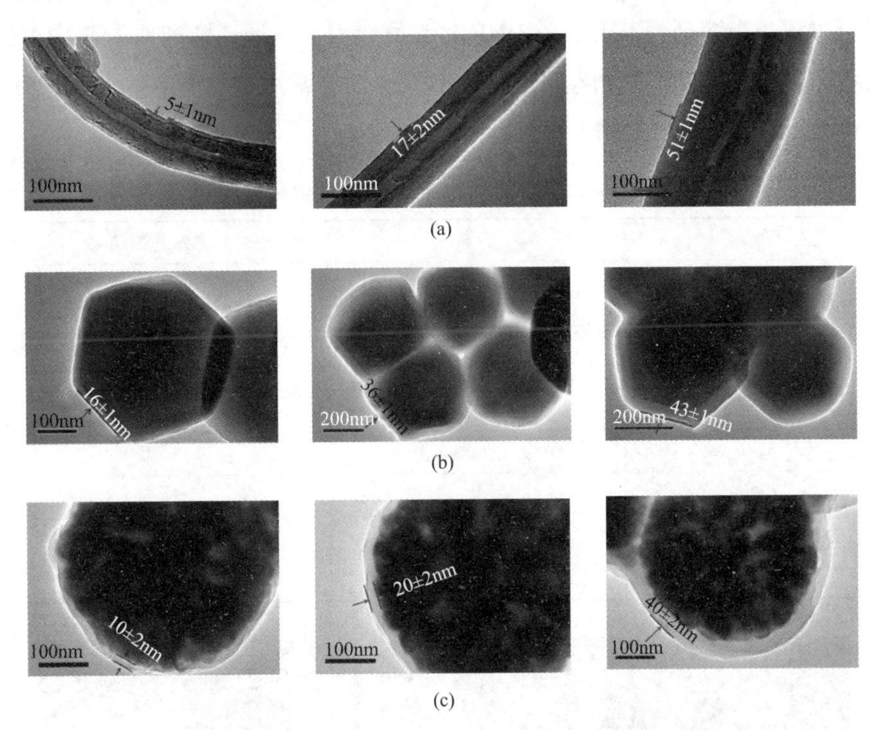

图 3－9 在碳纳米管(a)和 MOF(b)、Fe_3O_4(c)的表面包覆不同厚度的 PZS

3.4.4 溶剂对 PZS 包覆过程的影响

3.4.4.1 溶剂的筛选

要想在内核材料的表面包覆上 PZS，溶剂的选择非常重要。一种合适的溶剂必须满足以下两个要求：①单体六氯三聚磷腈和双酚 S 可以在该溶剂中溶解并稳定存在；②单体聚合形成的 PZS 可以在该溶剂中稳定存在。首先以 ZrO_2 为内核材料，研究其在不同溶剂中 PZS 的包覆情况。选择了八种常见溶剂，包括甲醇、乙醇、丙酮、乙腈、正己烷、水、二甲基亚砜(DMSO)和 N，N－二甲基甲酰胺(DMF)。结果如表 3－3 和图 3－10 所示，在甲醇、乙醇、丙酮和乙腈中，PZS 可以成功地包覆在 ZrO_2 的表面，而在正己烷、水、DMSO 和 DMF 中却无法完成 PZS 的包覆过程。这是因为，当溶剂为正己烷时，六氯三聚磷腈和双酚 S 不能溶解在正己烷中，因此无法进行后续的聚合过程，也就无法实现对内核材料的包覆。当溶剂为水时，双酚 S 在水中不能溶解。与此同时，六氯三聚磷腈因磷腈环上与磷原子相连的氯原子很活泼导致自身易在水中分解。因此，二者同样无法完成聚合过程。当溶剂为 DMSO 或 DMF 时，虽然六氯三聚磷腈和双酚 S 均可以很好溶解，但是二者的低聚物在形成交联型 PZS 前会被溶剂完全溶解，因此 DMSO 和 DMF 同样不是合适的溶剂。

表 3－3　不同溶剂中 PZS 的包覆结果

序号	溶剂	PZS 包覆结果
1	甲醇	是
2	乙醇	是
3	丙酮	是
4	乙腈	是
5	正己烷	否
6	水	否
7	DMSO	否
8	DMF	否

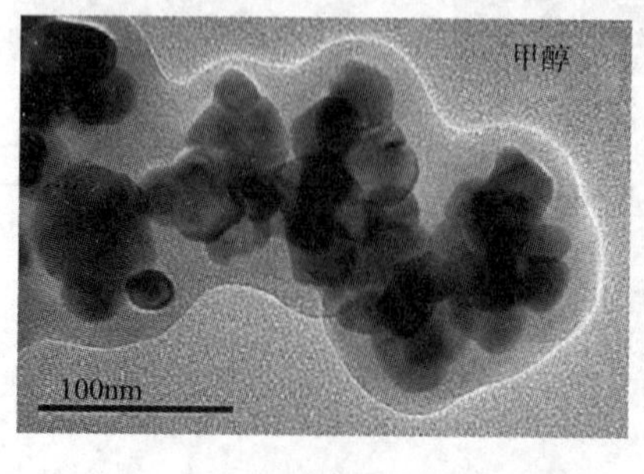

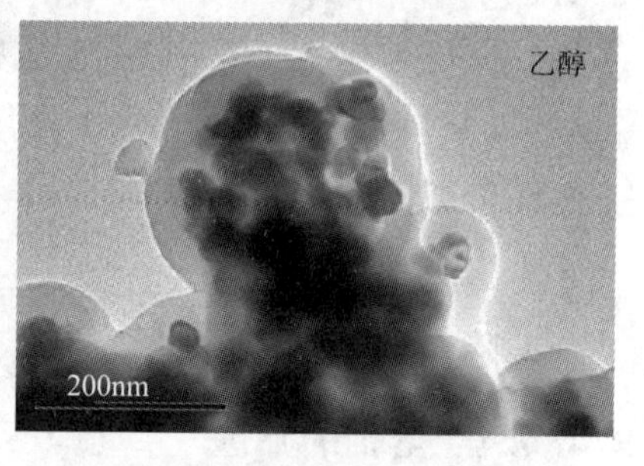

图 3－10　在甲醇、乙醇、丙酮、乙腈溶剂中 PZS 包覆在 ZrO_2 的表面

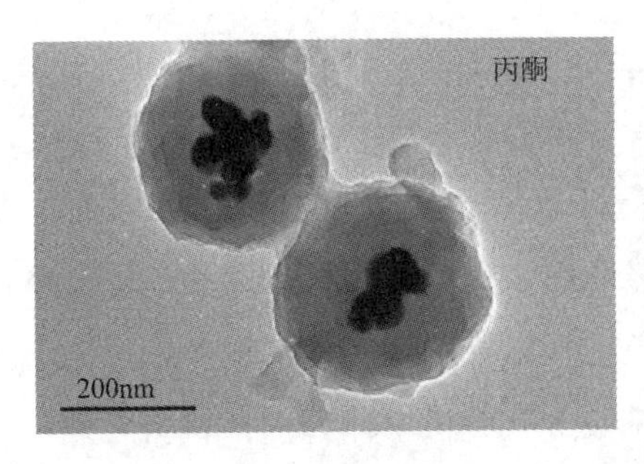

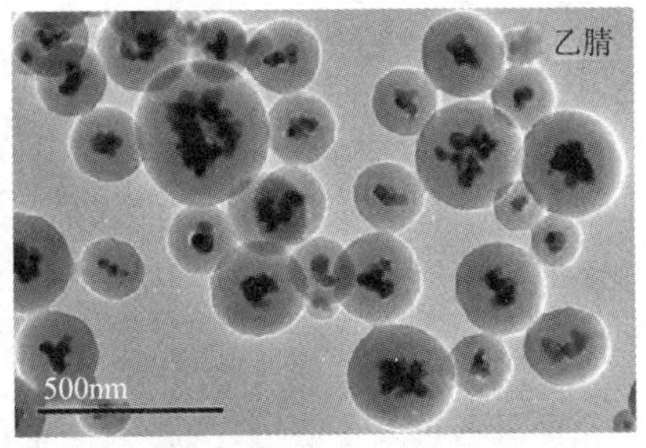

图3－10 在甲醇、乙醇、丙酮、乙腈溶剂中 PZS 包覆在 ZrO_2 的表面（续）

3.4.4.2 混合溶剂的影响

以梭形 $\alpha-Fe_2O_3$ 为内核材料、甲醇和水为混合溶剂，研究 PZS 在混合溶剂中对内核材料的包覆情况。如图 3－11 所示，在内核材料、单体六氯三聚磷腈和双酚 S、引发剂三乙胺加入量相同，甲醇和水体积比分别为 1∶1 和 3∶1 的情况下，PZS 均能成功包覆在 $\alpha-Fe_2O_3$ 的表面，且包覆层厚度没有明显差别。当甲醇和水体积比为 1∶3 时，PZS 不再全部包覆在 $\alpha-Fe_2O_3$ 的表面，而是部分形成 PZS 小球。

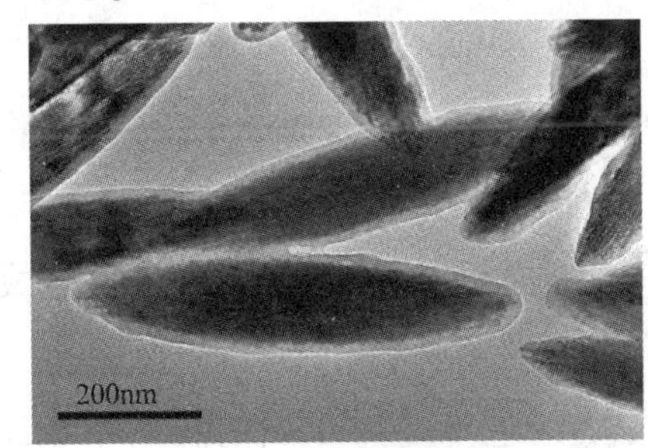

(a)甲醇与水的体积比为1∶1

(b)甲醇与水的体积比为3∶1

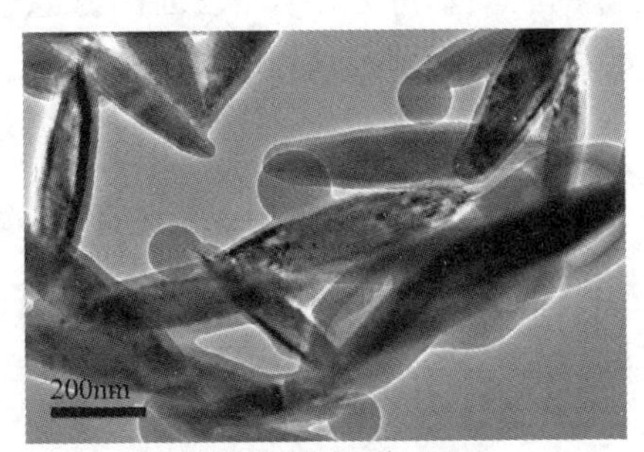

(c)甲醇与水的体积比为1∶3

图3－11 混合溶剂中 PZS 在 $\alpha-Fe_2O_3$ 表面的包覆情况

3.4.5 PZS 包覆机制的探讨

从前文所述，可以看到 PZS 可以普适性地包覆在多种内核材料的表面，那么包覆过程中的驱动力是什么，在不同内核材料表面的包覆机制是否相同，本部分将一一探讨。

对于有机包覆层，如聚多巴胺、聚苯胺等，有机单体和内核材料之间的相互作用非常关键。它们在内核材料表面的成功包覆需要满足两个前提：①单体要能够吸附在内核材料的表面；②单体在内核材料的表面发生原位聚合。PZS 在内核材料表面的包覆也不例外。PZS 由六氯三聚磷腈和双酚 S 两种单体聚合而成，六氯三聚磷腈的结构中含有交替排列的—P═N—，双酚 S 的结构中含有苯环、—OH、—SO_2—，这其中的任何一种都有可能提供必要的亲和力，使 PZS 包覆在内核材料表面。

对于金属氧化物、金属氢氧化物、纳米碳酸钙和碳球等内核材料，其表面含有丰富的—OH，可以和双酚 S 形成分子间氢键。这种氢键相互作用成为吸附双酚 S 的驱动力。双酚 S 又充当锚点，锚定六氯三聚磷腈，继而二者发生原位聚合，使 PZS 包覆在其表面。

对于碳纳米管和氧化石墨烯，其结构中含有苯环，可以通过 π－π 相互作用锚定双酚 S，从而使 PZS 包覆在其表面。此外，氧化石墨烯的表面还含有丰富的—OH 和含氧官能团，与双酚 S 之间存在氢键相互作用，这是促进 PZS 包覆在其表面的另一种驱动力。

对于 MOF，同样存在两种驱动力用于 PZS 的包覆。以 PZS 在 ZIF－67 表面的包覆为例。首先，双酚 S 的酚羟基与 ZIF－67 表面的氮原子之间存在氢键相互作用。其次，六氯三聚磷腈骨架上的氮原子与 ZIF－67 表面不饱和的 Co^{2+} 之间存在配位相互作用。如图 3－12 所示，向含有 Co^{2+} 的甲醇溶液中加入六氯三聚磷腈，溶液的最大吸收峰发生红移。而向 Co^{2+} 的甲醇溶液中加入双酚 S，最大吸收峰的位置不会发生变化。这说明，Co^{2+} 可以和六氯三聚磷腈配位，而不会和双酚 S 配位。

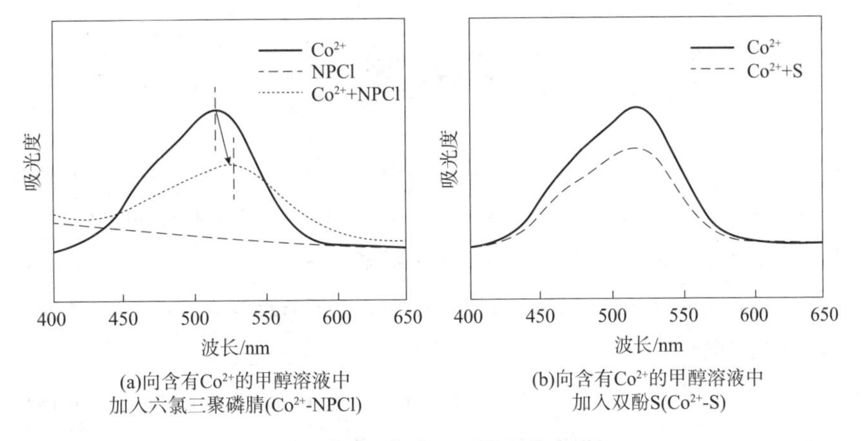

(a)向含有Co^{2+}的甲醇溶液中加入六氯三聚磷腈(Co^{2+}-NPCl)

(b)向含有Co^{2+}的甲醇溶液中加入双酚S(Co^{2+}-S)

图3－12 紫外－可见吸收光谱

除了氢键、π－π相互作用和配位相互作用，内核材料和PZS壳层之间的静电相互作用同样在PZS壳层的构筑中发挥着重要的作用。对于表面为中性或者带有负电荷的内核材料，如碳球、金属氧化物和碳纳米管，在PZS单体原位聚合的过程中形成的三乙胺盐酸盐(TEACl)会充当阳离子型的表面活性剂，提高内核材料在溶液中的分散性，同时充当静电吸引点，促进带有负电荷的PZS低聚物沉积在阳离子TEA^+修饰的内核材料上。对于表面带有正电荷的内核材料(如ZIFs)，PZS的低聚物带有负电荷，因此二者之间可以发生静电相互作用。一旦上述过程发生，内核材料表面的电荷发生变化，由带正电变成带负电，后续的包覆过程类似于上面提到的带负电荷的内核。

3.5 小结

以六氯三聚磷腈和双酚S为单体，三乙胺为引发剂，甲醇为溶剂，发展了(六氯三聚磷腈－双酚S，简称PZS)在贵金属、金属化合物、金属有机框架、碳材料等多种内核材料上的普适性包覆方法，构筑了相应的核壳结构复合材料。通过控制聚合物单体的加入量，可以有效调节PZS包覆层的厚度。根据内核材料的不同，PZS在不同内核材料表面的包覆机理可能为氢键相互作用、π－π相互作用、配位相互作用、静电相互作用中的一种或多种。

参考文献

[1]Zhou Y, Li Y, Hou Y, et al. Core – shell catalysts for the elimination of organic contaminants in aqueous solution: a review[J]. Chemical Engineering Journal, 2023, 455: 140604.

[2]AlTowireb S M, Goumri – Said S. Core – shell structures for the enhancement of energy harvesting in piezoelectric nanogenerators: a review[J]. Sustainable Energy Technologies and Assessments, 2023, 55: 102982.

[3]Yadav A S, Tran D T, Teo A J T, et al. Core – shell particles: from fabrication methods to diverse manipulation techniques[J]. Micromachines, 2023, 14: 497.

[4]Yuan H, Zhao J, Wang Q, et al. Hierarchical core – shell structure of 2D VS_2@ VC@ N – doped carbon sheets decorated by ultrafine pd nanoparticles: assembled in a 3D rosette – like array on carbon fiber microelectrode for electrochemical sensing[J]. ACS Applied Materials and Interfaces, 2020, 12: 15507 – 15516.

[5]Chaudhuri R G, Paria S. Core/shell nanoparticles: classes, properties, synthesis mechanisms, characterization, and applications[J]. Chemical Reviews, 2012, 112: 2373 – 2433.

[6]Mehandole A, Walke N, Mahajan S, et al. Core – shell type lipidic and polymeric nanocapsules: the transformative multifaceted delivery systems[J]. AAPS PharmSciTech, 2023, 24: 50.

[7]Kuwahara Y, Fujie Y, Mihogi T, et al. Hollow mesoporous organosilica spheres encapsulating pdag nanoparticles and poly(ethyleneimine) as reusable catalysts for CO_2 hydrogenation to formate [J]. ACS Catalysis, 2020, 10: 6356 – 6366.

[8]Ilsemann J, Strass – Eifert A, Friedland J, et al. Cobalt @ silica core – shell catalysts for hydrogenation of CO/CO_2 mixtures to methane[J]. ChemCatChem, 2019, 11: 4884 – 4893.

[9]Dou J, Sheng Y, Choong C, et al. Silica nanowires encapsulated Ru nanoparticles as stable nanocatalysts for selective hydrogenation of CO_2 to CO[J]. Applied Catalysis B: Environmental, 2017, 219: 580 – 591.

[10]Zhang Y, Hsu B Y W, Ren C, et al. Silica – based nanocapsules: synthesis, structure control and biomedical applications[J]. Chemical Society Reviews, 2015, 44: 315 – 335.

[11]Zhang W, Lin X – J, Sun Y – G, et al. Controlled formation of metal @ Al_2O_3 yolk – shell nanostructures with improved thermal stability[J]. ACS Applied Materials and Interfaces, 2015, 7: 27031 – 27034.

[12]Zhang W, Chi Z – X, Mao W – X, et al. One – nanometer – precision control of Al_2O_3

nanoshells through a solution – based synthesis route [J]. Angewandte Chemie International Edition, 2014, 53: 12776 – 12780.

[13] Ning X, Zhen W, Wu Y, et al. Inhibition of CdS photocorrosion by Al_2O_3 shell for highly stable photocatalytic overall water splitting under visible light irradiation [J]. Applied Catalysis B: Environmental, 2018, 226: 373 – 383.

[14] He D, Wang Y, Chen X, et al. Core – shell structured $BaTiO_3$@ Al_2O_3 nanoparticles in polymer composites for dielectric loss suppression and breakdown strength enhancement [J]. Composites Part A: Applied Science and Manufacturing, 2017, 93: 137 – 143.

[15] Wang W, Xu D, Cheng B, et al. Hybrid carbon @ TiO_2 hollow spheres with enhanced photocatalytic CO_2 reduction activity [J]. Journal of Materials Chemistry A, 2017, 5: 5020 – 5029.

[16] Sun H, He Q, She P, et al. One – pot synthesis of Au@ TiO_2 yolk – shell nanoparticles with enhanced photocatalytic activity under visible light [J]. Journal of Colloid and Interface Science, 2017, 505: 884 – 891.

[17] Li W, Yang J, Wu Z, et al. A versatile kinetics – controlled coating method to construct uniform porous TiO_2 shells for multifunctional core – shell structures [J]. Journal of the American Chemical Society, 2012, 134: 11864 – 11867.

[18] Eskandari P, Zand Z, Kazemi F, et al. Enhanced catalytic activity of one – dimensional CdS@ TiO_2 core – shell nanocomposites for selective organic transformations under visible LED irradiation [J]. Journal of Photochemistry and Photobiology A: Chemistry, 2021, 418: 113404.

[19] Zhang W, Yang L – P, Wu Z – X, et al. Controlled formation of uniform CeO_2 nanoshells in a buffer solution [J]. Chemical Communications, 2016, 52: 1420 – 1423.

[20] Majhi S M, Rai P, Raj S, et al. Effect of Au nanorods on potential barrier modulation in morphologically controlled Au@ Cu_2O core – shell nanoreactors for gas sensor applications [J]. ACS Applied Materials and Interfaces, 2014, 6: 7491 – 7497.

[21] Yang F – L, Zhang W, Chi Z – X, et al. Controlled formation of core – shell structures with uniform $AlPO_4$ nanoshells [J]. Chemical Communications, 2015, 51: 2943 – 2945.

[22] Kuo C – H, Tang Y, Chou L – Y, et al. Yolk – shell nanocrystal@ ZIF – 8 nanostructures for gas – phase heterogeneous catalysis with selectivity control [J]. Journal of the American Chemical Society, 2012, 134: 14345 – 14348.

[23] Liu Y, Ai K, Lu L. Polydopamine and its derivative materials: synthesis and promising applications in energy, environmental, and biomedical fields [J]. Chemical Reviews, 2014,

114: 5057 - 5115.

[24] Yu X - Y, Hu H, Wang Y, et al. Ultrathin MoS_2 nanosheets supported on N - doped carbon nanoboxes with enhanced lithium storage and electrocatalytic properties[J]. Angewandte Chemie International Edition, 2015, 54: 7395 - 7398.

[25] Chung D Y, Jun S W, Yoon G, et al. Large - scale synthesis of carbon - shell - coated FeP nanoparticles for robust hydrogen evolution reaction electrocatalyst[J]. Journal of the American Chemical Society, 2017, 139: 6669 - 6674.

[26] Ma Z, Yue M, Liu H, et al. Stabilizing hard magnetic SmCo5 nanoparticles by N - doped graphitic carbon layer[J]. Journal of the American Chemical Society, 2020, 142: 8440 - 8446.

[27] Wu H, Yu G, Pan L, et al. Stable Li - ion battery anodes by in - situ polymerization of conducting hydrogel to conformally coat silicon nanoparticles[J]. Nature Communications, 2013, 4: 1943.

[28] Wang G, Sun Y, Li D, et al. Controlled synthesis of N - doped carbon nanospheres with tailored mesopores through self - assembly of colloidal silica[J]. Angewandte Chemie International Edition, 2015, 54: 15191 - 15196.

[29] Arundhathi R, Damodara D, Likhar P R, et al. Fe_3O_4 @ mesoporouspolyaniline: a highly efficient and magnetically separable catalyst for cross - coupling of aryl chlorides and phenols[J]. Advanced Synthesis and Catalysis, 2011, 353: 1591 - 1600.

[30] Ju H, Park D, Kim J. Fabrication of polyaniline - coated SnSeS nanosheet/polyvinylidene difluoride composites by a solution - based process and optimization for flexible thermoelectrics [J]. ACS Applied Materials and Interfaces, 2018, 10: 11920 - 11925.

[31] Zhang W, Jiang X, Zhao Y, et al. Hollow carbon nanobubbles: monocrystalline MOF nanobubbles and their pyrolysis[J]. Chemical Science, 2017, 8: 3538 - 3546.

[32] Rahim M A, Bjornmalm M, Bertleff - Zieschang N, et al. Rust - mediated continuous assembly of metal - phenolic networks[J]. Advanced Materials, 2017, 29: 1606717.

[33] Yang H, Bradley S J, Chan A, et al. Catalytically active bimetallic nanoparticles supported on porous carbon capsules derived from metal - organic framework composites[J]. Journal of the American Chemical Society, 2016, 138: 11872 - 11881.

[34] Guan B, Wang X, Xiao Y, et al. A versatile cooperative template - directed coating method to construct uniform microporous carbon shells for multifunctional core - shell nanocomposites[J]. Nanoscale, 2013, 5: 2469 - 2475.

[35] Guan B Y, Yu L, Lou X W. Formation of single - holed cobalt/N - doped carbon hollow

particles with enhanced electrocatalytic activity toward oxygen reduction reaction in alkaline media [J]. Advanced Science, 2017, 4: 1700247.

[36] Chi Z－X, Zhang W, Wang X－S, et al. Accurate surface control of core－shell structured $LiMn_{0.5}Fe_{0.5}PO_4$@C for improved battery performance [J]. Journal of Materials Chemistry A, 2014, 2: 17359－17365.

[37] Zhang J, Qu L, Shi G, et al. N, P－codoped carbon networks as efficient metal－free bifunctional catalysts for oxygen reduction and hydrogen evolution reactions [J]. Angewandte Chemie International Edition, 2016, 55: 2230－2234.

[38] Tang H, Wang J, Yin H, et al. Growth of polypyrrole ultrathin films on MoS_2 monolayers as high－performance supercapacitor electrodes [J]. Advanced Materials, 2015, 27: 1117－1123.

[39] Liu R, Mahurin S M, Li C, et al. Dopamine as a carbon source: the controlled synthesis of hollow carbon spheres and yolk－structured carbon nanocomposites [J]. Angewandte Chemie International Edition, 2011, 50: 6799－6802.

[40] Chi Z－X, Zhang W, Wang X－S, et al. Optimizing $LiFePO_4$@C core－shell structures via the 3－aminophenol－formaldehyde polymerization for improved battery performance [J]. ACS Applied Materials and Interfaces, 2014, 6: 22719－22725.

[41] Wang Y, Zhang H J, Lu L, et al. Designed functional systems from peapod－like Co@carbon to Co_3O_4@carbon nanocomposites [J]. ACS Nano, 2010, 4: 4753－4761.

[42] Zhang W－M, Wu X－L, Hu J－S, et al. Carbon coated Fe_3O_4 nanospindles as a superior anode material for lithium－ion batteries [J]. Advanced Functional Materials, 2008, 18: 3941－3946.

[43] Hu H, Guan B, Xia B, et al. Designed formation of $Co_3O_4/NiCo_2O_4$ double－shelled nanocages with enhanced pseudocapacitive and electrocatalytic properties [J]. Journal of the American Chemical Society, 2015, 137: 5590－5595.

[44] Tang J, Salunkhe R R, Liu J, et al. Thermal conversion of core－shell metal－organic frameworks: a new method for selectively functionalized nanoporous hybrid carbon [J]. Journal of the American Chemical Society, 2015, 137: 1572－1580.

[45] Liu S, Wang Z, Zhou S, et al. Metal－organic－framework－derived hybrid carbon nanocages as a bifunctional electrocatalyst for oxygen reduction and evolution [J]. Advanced Materials, 2017, 29: 1700874.

[46] Ma L, Wang C, Xia B Y, et al. Platinum multicubes prepared by Ni^{2+}－mediated shape evolution exhibit high electrocatalytic activity for oxygen reduction [J]. Angewandte Chemie

International Edition, 2015, 54: 5666 - 5671.

[47] Xia B Y, Wu H B, Wang X, et al. Highly concave platinum nanoframes with high - index facets and enhanced electrocatalytic properties[J]. Angewandte Chemie International Edition, 2013, 52: 12337 - 12340.

[48] Zhou J, Meng L, Feng X, et al. One - pot synthesis of highly magnetically sensitive nanochains coated with a highly cross - linked and biocompatible polymer [J]. Angewandte Chemie International Edition, 2010, 49: 8476 - 8479.

[49] Cui Z - M, Chen Z, Cao C - Y, et al. A yolk - shell structured Fe_2O_3 @ mesoporous SiO_2 nanoreactor for enhanced activity as a fenton catalyst in total oxidation of dyes[J]. Chemical Communications, 2013, 49: 2332 - 2334.

[50] Dou Z - F, Cao C - Y, Wang Q, et al. Synthesis, self - assembly, and high performance in gas sensing of x - shaped iron oxide crystals[J]. ACS Applied Materials and Interfaces, 2012, 4: 5698 - 5703.

[51] You B, Jiang N, Sheng M, et al. Bimetal - organic framework self - adjusted synthesis of support - free nonprecious electrocatalysts for efficient oxygen reduction[J]. ACS Catalysis, 2015, 5: 7068 - 7076.

[52] Yang S, Peng L, Huang P, et al. Nitrogen, phosphorus, and sulfur co - doped hollow carbon shell as superior metal - free catalyst for selective oxidation of aromatic alkanes[J]. Angewandte Chemie International Edition, 2016, 55: 4016 - 4020.

[53] Sun X, Li Y. Colloidal carbon spheres and their core/shell structures with noble - metal nanoparticles[J]. Angewandte Chemie International Edition, 2004, 43: 597 - 601.

[54] Zhang J, Wang L, Shao Y, et al. A Pd@ zeolite catalyst for nitroarene hydrogenation with high product selectivity by sterically controlled adsorption in the zeolite micropores[J]. Angewandte Chemie International Edition, 2017, 56: 9747 - 9751.

[55] Zhang P, Gong Y, Li H, et al. Solvent - free aerobic oxidation of hydrocarbons and alcohols with Pd@ N - doped carbon from glucose[J]. Nature Communications, 2013, 4: 1593.

[56] Yue Y, Qiao Z A, Fulvio P F, et al. Template - free synthesis of hierarchical porous metal - organic frameworks[J]. Journal of the American Chemical Society, 2013, 135: 9572 - 9575.

[57] Pham M - H, Vuong G - T, Vu A - T, et al. Novel route to size - controlled Fe - MIL - 88B - NH_2 metal - organic framework nanocrystals[J]. Langmuir, 2011, 27: 15261 - 15267.

[58] Ma L, Abney C, Lin W. Enantioselective catalysis with homochiral metal - organic frameworks [J]. Chemical Society Reviews, 2009, 38: 1248 - 1256.

[59] Zhao M, Yuan K, Wang Y, et al. Metal – organic frameworks as selectivity regulators for hydrogenation reactions[J]. Nature, 2016, 539: 76 – 80.

[60] Hong X – J, Tan T – X, Guo Y – K, et al. Confinement of polysulfides within bi – functional metal – organic frameworks for high performance lithium – sulfur batteries[J]. Nanoscale, 2018, 10: 2774 – 2780.

[61] Yang Q – J, Liu Y, Xiao L – S, et al. Self – templated transformation of MOFs into layered double hydroxide nanoarrays with selectively formed Co_9S_8 for high – performance asymmetric supercapacitors[J]. Chemical Engineering Journal, 2018, 354: 716 – 726.

[62] Furukawa H, Cordova K E, O'Keeffe M, et al. The chemistry and applications of metal – organic frameworks[J]. Science, 2013, 341: 1230444.

[63] Qu K, Zheng Y, Jiao Y, et al. Polydopamine – inspired, dual heteroatom – doped carbon nanotubes for highly efficient overall water splitting[J]. Advanced Energy Materials, 2017, 7: 1602068.

[64] Yang J, Sun H, Liang H, et al. A highly efficient metal – free oxygen reduction electrocatalyst assembled from carbon nanotubes and graphene[J]. Advanced Materials, 2016, 28: 4606 – 4613.

[65] Wang Z, Luan D, Madhavi S, et al. Assembling carbon – coated $\alpha - Fe_2O_3$ hollow nanohorns on the CNT backbone for superior lithium storage capability[J]. Energy and Environmental Science, 2012, 5: 5252 – 5256.

[66] Niu F, Zhang L, Luo S – Z, et al. Room temperature aldol reactions using magnetic Fe_3O_4@ $Fe(OH)_3$ composite microspheres in hydrogen bond catalysis[J]. Chemical Communications, 2010, 46: 1109 – 1111.

[67] Han Y, Huang H, Zhang H, et al. Carbon quantum dots with photoenhanced hydrogen – bond catalytic activity in aldol condensations[J]. ACS Catalysis, 2014, 4: 781 – 787.

[68] Zhou X, Wei J, Liu K, et al. Adsorption of bisphenol a based on synergy between hydrogen bonding and hydrophobic interaction[J]. Langmuir, 2014, 30: 13861 – 13868.

[69] Guo K, Zhang D – L, Zhang X – M, et al. Conductive elastomers with autonomic self – healing properties[J]. Angewandte Chemie International Edition, 2015, 54: 12127 – 12133.

[70] Kuang Y, Cui Y, Zhang Y, et al. A strategy for the high dispersion of PtRu nanoparticles onto carbon nanotubes and their electrocatalytic oxidation of methanol[J]. Chemistry – A European Journal, 2012, 18: 1522 – 1527.

[71] Gai P, Song R, Zhu C, et al. A ternary hybrid of carbon nanotubes/graphitic carbon nitride

nanosheets/gold nanoparticles used as robust substrate electrodes in enzyme biofuel cells[J]. Chemical Communications, 2015, 51: 14735 - 14738.

[72] Richards P I, Steiner A. Cyclophosphazenes as nodal ligands in coordination polymers[J]. norganic Chemistry, 2004, 43: 2810 - 2817.

[73] Goodgame D M L, Grachvogel D A, Williams D J. A new type of metal - organic large - pore zeotype[J]. Angewandte Chemie International Edition, 1999, 38: 153 - 156.

[74] Zhou X, Wu T, Ding K, et al. The dispersion of carbon nanotubes in water with the aid of very small amounts of ionic liquid[J]. Chemical Communications, 2009: 1897 - 1899.

[75] Zhu L, Xu Y, Yuan W, et al. One - pot synthesis of poly(cyclotriphosphazene - co - 4, 4′ - sulfonyldiphenol) nanotubes via an in situ template approach[J]. Advanced Materials, 2006, 18: 2997 - 3000.

[76] Zhou J, Meng L, Lu Q, et al. Superparamagnetic submicro - megranates: Fe_3O_4 nanoparticles coated with highly cross - linked organic/inorganic hybrids[J]. Chemical Communications, 2009: 6370 - 6372.

4 PZS 基核壳结构衍生的杂原子掺杂碳材料

4.1 碳材料简介

碳元素在自然界中储量丰富。碳材料是以碳为主的材料。传统的碳材料包括炭黑、活性炭、木炭、焦炭、天然石墨等。随着科学特别是纳米科学的发展，碳材料的种类变得更加丰富。新型碳材料包括：①零维的碳量子点、富勒烯；②一维的单壁、多壁碳纳米管；③二维的石墨烯、石墨相氮化碳($g-C_3N_4$)等(图4-1)。碳材料拥有多方面的优势：①来源广泛、成本低廉；②绿色环保、污染小；③比表面积高；④形貌和孔结构易于调控；⑤表面易于修饰改性；⑥稳定性高，耐酸碱和高温。

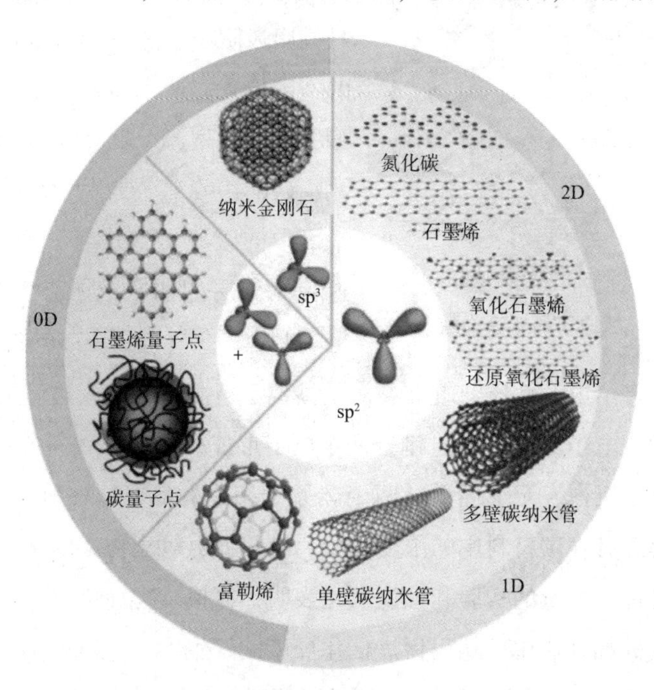

图4-1 碳材料的分类

4.2 杂原子掺杂的碳材料

纯碳材料由于碳原子上电荷平衡而化学惰性高，不利于吸附、催化、电化学等应用。使用杂原子对纯碳材料进行掺杂改性时，由于杂原子的原子半径和电负性与碳原子不同，可以诱导碳材料产生结构畸变、电子密度或者自旋密度的变化。应用于催化反应时，这些变化均有助于调控反应物和中间体在碳材料上的吸附/解吸自由能，从而调控反应的转化率和选择性。

4.2.1 氮原子掺杂的碳材料

氮原子是理想的碳材料掺杂剂，主要原因包括：①氮原子拥有和碳原子相似的原子半径(70pm VS 77pm)，使其容易掺杂到碳的晶格中；②氮原子的电负性比碳的大(3.04 VS 2.55)，容易改变毗邻碳的电子排列，产生更多的电荷离域、自旋密度的变化，以及费米能级附近更高的施主态密度；③氮掺杂碳材料易于制备且健康风险小。氮原子可以掺杂到碳晶格的不同位置，产生多种构型，主要有石墨型氮、吡咯型氮、吡啶型氮和吡啶型氮氧化物(图4-2)。石墨型氮指氮取代石墨平面中的碳原子，并与三个碳原子结合。这种氮外层的四个电子参与形成σ和π键，剩余的一个电子占据更高能量的π^*轨道，从而具有给电子性质。吡啶型氮是指位于石墨缺陷位或边缘的氮原子，这种氮外层的两个电子参与形成σ键，两个电子形成孤电子对，剩余一个电子留在π轨道。吡咯型氮指五元杂环上与两个碳原子相连的氮，这种氮热力学不稳定，因此高温热解后其在碳材料中的浓度很低。吡啶型氮氧化物指的是与一个氧原子相连的吡啶型氮。大量的实验和理论研究表明，氮掺杂物种可以与反应物或活性位点发生有效的相互作用，从而促进催化反应的发生。

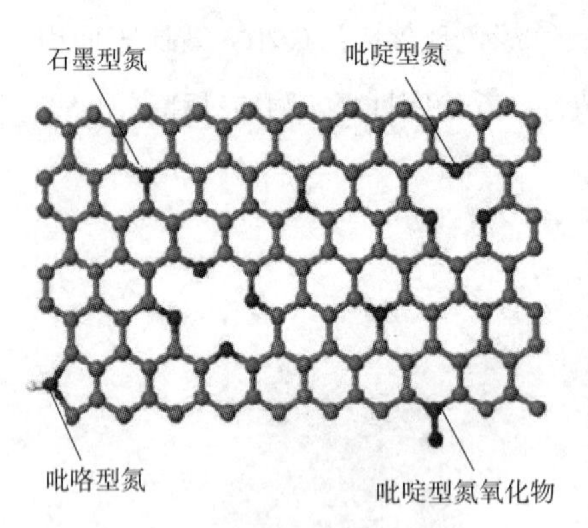

图4-2 氮原子的掺杂类型

2009年，Dai等首次证实氮掺杂碳纳米管时产生的电荷离域可以使氧气在碳纳米管表面由垂直吸附变为平行吸附，从而削弱 O—O 键，促进氧还原反应的发生。2013 年，Ma 等报道了氮掺杂的石墨烯在催化叔丁基过氧化氢选择性氧化芳烃上表现出优异的性能。通过电子态密度研究发现氮掺杂赋予邻位碳金属般的 d 带电子结构，碳原子的自旋密度也产生差异，其中与石墨型氮相连的碳原子对活性氧物种拥有更强的吸附能力，因此可以充当活性位点。Qi 等利用氧化石墨烯和尿素制备了氮掺杂的石墨烯气凝胶，氮含量最高可达6.88%。当应用于丙烷的氧化脱氢反应时，相对于单纯的石墨烯气凝胶，氮掺杂石墨烯气凝胶将反应的活化能由 80.1kJ·mol^{-1} 降低到 62.6kJ·mol^{-1}，丙烯的产率则由 1.9% 提高到 5.3%。原因可能在于丙烯不饱和双键上的 π 电子云密度较高，使得其与氮掺杂石墨烯的斥力强于纯石墨烯的，更有利于丙烯在催化剂表面解吸，因此避免了丙烯的深度氧化，提高了反应的选择性。

4.2.2 磷原子掺杂的碳材料

作为与氮原子处于同一主族的磷原子，同样可以对碳材料进行掺杂改性。不同的是，磷原子的半径(110pm)远大于碳原子的半径(77pm)($1pm = 10^{-12}m$)，无法与六方晶格上的碳处于同一平面，因此碳晶格发生较大的畸变，从而形成缺陷。由于磷原子拥有与氮原子相同数目的价电子，掺杂时同样会使碳材料变得相对富电子，但是磷的电负性比碳原子的小(2.19 VS 2.55)，所以电子偏向碳原子，而磷原子则带正电荷。与此同时，磷原子空的 3d 轨道也可能通过轨道杂化参与成键，从而对掺杂的碳产生影响。

2017 年，Zou 等报道了磷原子掺杂的带有晶格缺陷的碳材料用于芳香硝基化合物的选择性加氢反应。首先，采用密度泛函理论(Density Functional Theory，DFT)预测掺杂磷原子和产生晶格缺陷对碳材料造成的影响。并建立了四种模型[图 4-3(a)]，分别是无掺杂无缺陷的碳(C)、磷原子掺杂的碳(P—C)、带有缺陷的碳(V—C)、磷原子掺杂并带有缺陷的碳(PV—C)。计算结果显示单位原子 PV—C 的生成能为 7.65eV，低于 P—C 的 7.74eV，说明当磷原子嵌入碳原子的晶格时，很容易导致碳结构发生扭曲形成缺陷。这使得电子分布不均匀，并主要集中在磷原子和缺陷附近的碳原子上。与单纯的碳相比，改性后由于电子离域碳材料的费米能级逐渐上升，其中 P—C 的费米能级上升至导带附近，V—C 的费米能级穿过部分导带，而 PV—C 的费米能级则几乎完全位于导带内，这说明电子逐渐富集，PV—C 已经具有与金属相似的电子结构。这种变化有利于 H_2 在 PV—C 表面活化解离，提高加氢反应的活性。其次，由于硝基是吸电子基团，也有利于硝基优先吸附在 PV—C 表面，提高加氢反应的选择性。在这一理论计算的指导下，Zou 课题组通过含有磷原子的植酸聚合后高温碳化的方法制备了磷原子掺杂的并且 β 位含有缺陷的碳材料[图 4 - 3(b)]，在芳香硝基化合物的选择性加氢反应上表现出优异的性能。

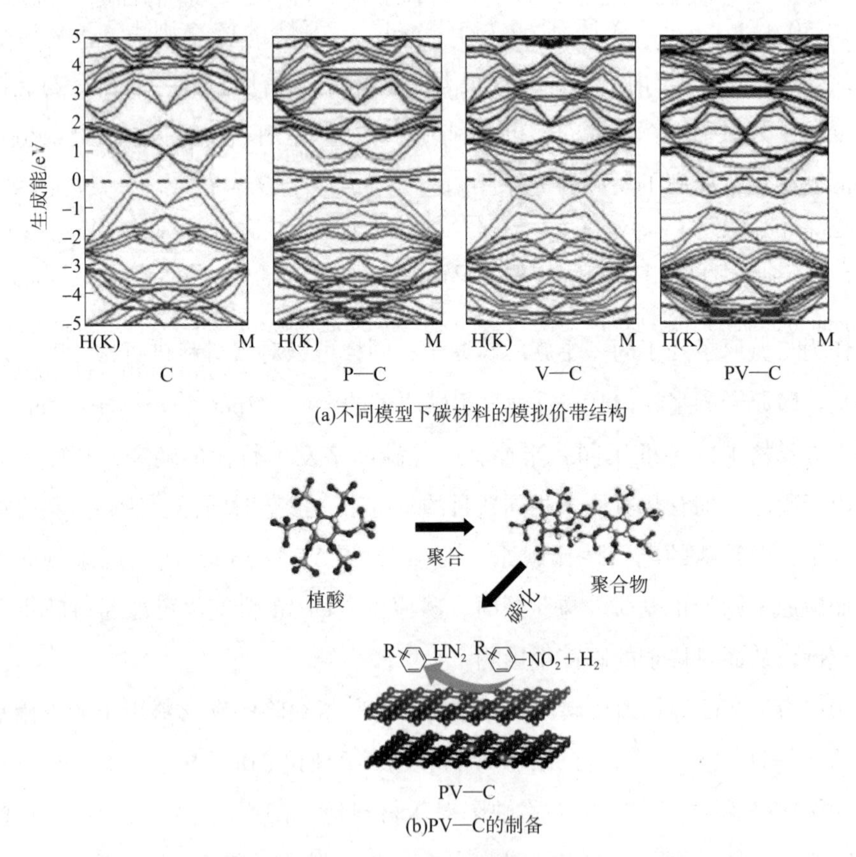

(a)不同模型下碳材料的模拟价带结构

(b)PV—C的制备

图 4 - 3　不同模型下碳材料的模拟价带结构(a)和 PV—C 的制备(b)

2020 年，Chen 等同样报道了磷掺杂的碳可以将硝基苯及其衍生物高选择性地转化为相应的胺。与 Zou 等不同的是，Chen 等提出磷掺杂到碳基底后可能会诱导表面电荷局域化，促进路易斯酸碱对形成。这些酸碱对彼此靠近但是又相隔一定的距离，因此不会相互中和，也就是形成了“受阻路易斯酸碱对”(Frustrated

Lewis Pair，FLP）。FLP 位点可以作为活性位点，促进 H_2 极化异裂为 H^+ 和 H^-，从而促进加氢反应的进行（图 4－4）。为了验证这一观点，向硝基苯为模型底物的催化体系中分别加入酸性的乙酸（AcOH）、碱性的三乙胺（Et_3N）、中性的乙酸乙酯（EtOAc）。研究发现，加入乙酸或者三乙胺后，磷掺杂碳材料的催化性能大幅降低，苯胺的产率分别降低了 19% 和 25%，而加入乙酸乙酯则没有任何影响，说明加入的酸或碱对磷掺杂的碳材料表面的 FLP 位点产生了淬灭作用。向体系中通入一定量的 CO_2，苯胺的产率提高了 12%，推测是 CO_2 在 FLP 的碱位点上原位生成羧酸盐物种，从而对硝基苯加氢产生了促进作用。

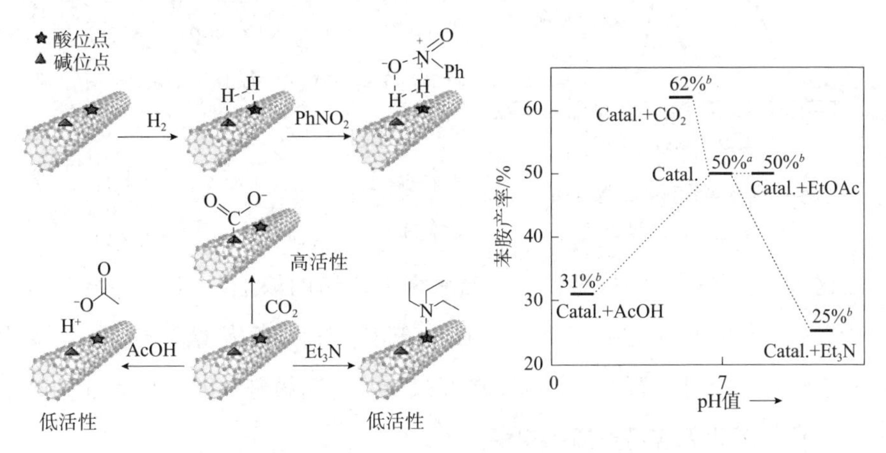

图 4－4　磷掺杂碳上 FLP 位点的形成及酸碱位点对硝基苯加氢的影响

4.2.3　硼原子掺杂的碳材料

在元素周期表中，硼位于碳的左侧，其原子半径与碳的相差不大（82pm VS 77pm），因此和氮原子一样容易对碳晶格进行掺杂。与氮原子不同的是，硼的电负性比碳的小（2.04 VS 2.55），掺杂以后形成的 B—C σ 键中电子偏向碳原子，因此碳带负电荷，而硼带正电荷。

Hu 等以苯和三苯基硼烷为前驱体、二茂铁为催化剂，通过化学气相沉积法（Chemical Vapor Deposition，CVD）制备了硼原子掺杂的碳纳米管。通过改变三苯基硼烷的量，使硼的掺杂量在 0～2.24%（at）范围内变化。当用于氧还原反应（Oxygen Reduction Reaction，ORR）时，电催化性能随着硼含量的增加而提高。在优化的理论计算模型中，一个硼原子与三个碳原子配位，B—C σ 键具有类 sp^2 轨道杂化。由于硼原子带有正电荷，当带有轻微负电荷的氧气接近碳纳米管表面的时候，硼原子能够优先捕获氧气分子（在氮掺杂的碳材料中，则是带正电荷的碳优先捕获氧气分子）。与此同时，碳纳米管 C—C 共轭体系反键 π 轨道上的电子可以传递给硼的 $2p_z$ 空轨道，然后硼又作为纽带将电子传递给吸附的氧分子。因此硼与氧之间的相互作用增强，削弱了 O—O 键，从而促进 ORR 反应的进行。

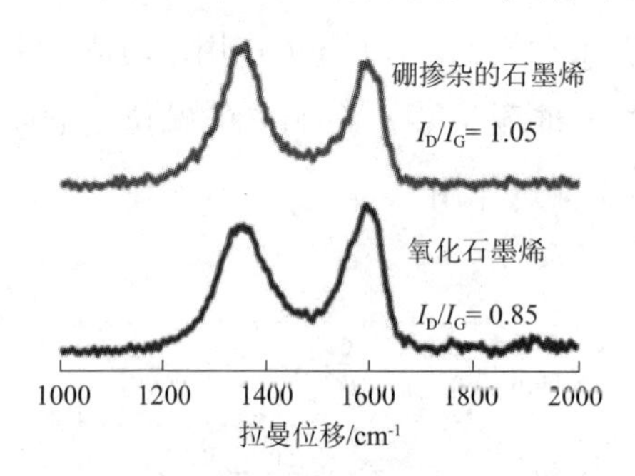

图 4－5　硼掺杂的石墨烯和氧化石墨烯的拉曼光谱

Phani 等通过在惰性气氛下热解氧化石墨烯和硼酸的混合物制备了硼掺杂的石墨烯。采用 X 射线光电子能谱（X－ray Photoelectron Spectroscopy，XPS）测试得到硼的掺杂量为 4.1%（at）。拉曼光谱（Raman Spectra，图 4－5）显示硼对石墨烯进行掺杂以后，D 峰（代表无序的碳，sp^3 杂化）和 G 峰（代表有序的碳，sp^2 杂化）的强度之比升高，说明硼的掺杂使石墨碳平面形成新的缺陷。DFT 计算结果显示，硼掺杂以后，碳基面上电荷和自旋密度分布不均匀，自旋密度较高。当应用于 CO_2 电还原时，相对于石墨烯，CO_2 在硼掺杂的石墨烯修饰的电极表面的吸附变得相对容易，因此更容易还原为甲酸。

4.2.4　氟原子掺杂的碳材料

在元素周期表中，氟是电负性最强的元素，其值为 3.98。当氟原子掺杂到碳材料中，氟原子的强吸电子能力使形成的 C—F 共价键具有强极性，电子偏向氟，因而相邻的碳带正电。

Quan 等使用氢氟酸处理碳纳米管制备了氟掺杂的碳纳米管，在臭氧氧化消除水中污染物草酸的反应上表现出优异的性能，其催化活性是纯碳纳米管的 2 倍。研究发现，氟原子的引入使邻位碳原子所带的正电荷密度较高，并且不会破坏碳基面上广泛存在的离域大 π 键（催化剂的电子转移能力与离域大 π 键有关）。这有利于臭氧分子转化为活性氧物种超氧自由基 $O_2 \cdot^-$ 和单线态氧 $^1O_2$，从而降解草酸。

Zeng 等合成了具有正八面体形貌的 Zr－MOF UiO－66，将其与 PTFE（聚四氟乙烯)混合热解，然后用HF刻蚀除去热解产生的ZrO_2纳米晶，最终得到氟掺杂的碳八面体(图4-6)。应用于N_2电还原合成氨反应时，氟掺杂增强了N_2在碳材料表面的结合强度，促进了氮的解离。反应的法拉第效率高达54.8%，而未掺杂的碳八面体的法拉第效率仅为18.3%。在-0.3V(VS RHE，标准氢电极)，NH_3的产率高达197.7$\mu g_{NH_3} mg^{-1}_{cat.} h^{-1}$，几乎是其他杂原子掺杂碳材料催化性能的2倍。此外，N_2的电还原在水中进行时，由于N≡N非常稳定，体系中常存在严重的产氢副反应。令人欣慰的是，氟的掺杂使与其相邻的碳原子缺电子，从而充当路易斯酸位点，通过排斥作用抑制了质子氢在材料表面的吸附，最终增强了NH_3的选择性。

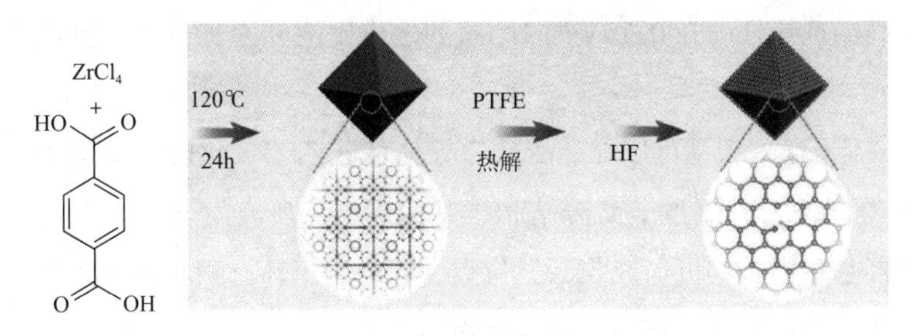

图4-6　氟掺杂的碳八面体的制备

4.2.5　氧原子掺杂的碳材料

当氧原子对碳材料进行掺杂时，可以在碳材料表面形成丰富的官能团，如羧基、酯基、羟基、羰基、醚基、醌基等(图4-7)。这些含氧官能团可以单独或者同时存在于碳材料上。由于它们之间存在高度共轭，相互影响，难以在谱学上精确区分，导致对氧掺杂碳材料的活性来源看法不一。

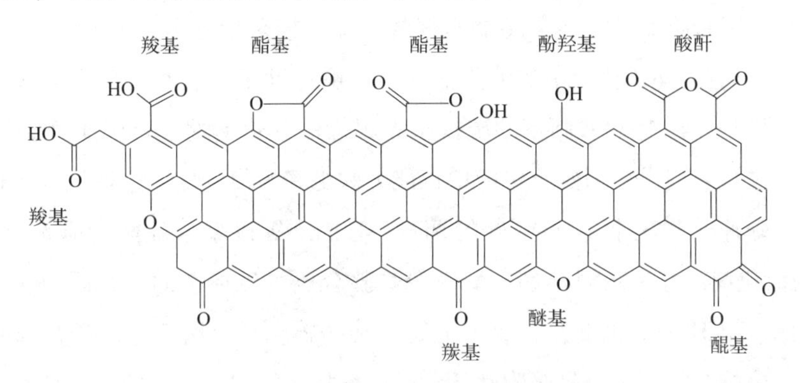

图4-7　碳材料上可能存在的含氧官能团

Cui 等使用硝酸在碳纳米管表面修饰上述含氧官能团，将它应用于 O_2 电还原制 H_2O_2。研究发现，含氧官能团的量直接影响反应的活性和选择性，呈正相关关系。使用 DFT 计算分析发现活性来源于边缘的羧基和平面上的醚基。

Zhou 等通过 Boehm 滴定法对氧掺杂碳材料表面的含氧物种进行定量分析，发现材料在酸性溶液中的氧还原活性位点并不是某一特定的含氧官能团，而是吡喃酮类物种中羰基环上的邻位碳原子。

Baek 等首先通过机械化学剥离法获得拥有活性边缘的石墨纳米片，然后利用 CO_2 或者稀释的 O_2 氧化边缘位点，从而制备得到羰基、醚基或者醌基修饰的石墨。电化学测试表明，含有醌基活性位点的石墨纳米片才会在 H_2O_2 的电合成中表现出高的选择性，在 0.75V 时 H_2O_2 的生成比例可达 97.8%，远高于羰基或醚基位点。

Zhang 等报道了羰基可以在菲醌环三聚体催化乙苯氧化脱氢反应中充当活性位点。Su 等制备了表面含丰富羟基和羰基的碳球，研究发现，当它应用于硝基苯还原时羟基和羰基均可以充当活性位点，而应用于环己酮肟的贝克曼重排反应时则是羰基作为弱布朗斯特酸位点发挥作用。

4.2.6 硫原子掺杂的碳材料

硫的原子半径远大于碳的(105pm VS 77pm)，但是电负性却与碳相差无几(2.58 VS 2.55)。当硫原子对碳材料进行掺杂时，电荷可以相对均匀地分布在C—S 键上，因此硫的掺杂对碳原子的电荷分布影响很小，主要改变的是材料的自旋密度。Huang 等在 600℃、900℃、1050℃的惰性气氛下热解氧化石墨烯和二苄基二硫的混合物制备了硫掺杂的石墨烯，硫的掺杂量分别为 1.53%、1.35%、1.30%。它们在 ORR 反应中的催化活性与热解温度正相关且均优于未掺杂的石墨烯。特别是，在 1050℃制备的硫掺杂石墨烯的催化活性甚至优于贵金属 Pt/C 催化剂，并且表现出更强的抗甲醇中毒能力和更好的稳定性。这种优异的性能就主要来自硫原子对材料自旋密度的调控。Huang 等以聚苯硫醚为碳源和硫源、KOH 为活化剂，经过高温热解、酸洗等步骤合成了硫掺杂的碳。同时，以聚苯醚为碳源、KOH 为活化剂，合成了无硫掺杂的碳。当应用于过硫酸盐氧化法除苯酚时，硫掺杂的碳更容易吸附和活化过硫酸盐。研究认为，碳的骨架结构中引入硫原子，碳的自旋密度发生变化，产生了更多的活性位点，有利于电子转移，从而提高对过硫酸盐的活化能力。

掺杂硫原子还可以使碳材料表面功能化。Matos 等在 H_2S 气氛中热处理碳材料，在其表面修饰上噻吩基和砜基。与未改性的碳材料相比，这种硫掺杂的碳材料对苯酚的吸附能力提高，主要是因为噻吩基增强了碳表面的碱性和疏水性，从而有利于吸附酸性的苯酚有机物。此外，噻吩基可以诱导碳材料产生电子结构缺陷，从而调控材料的带隙，提高苯酚的光降解活性；而砜基则可以增加光生空穴的浓度，促进苯酚优先氧化为邻苯二酚。

4.2.7 多元杂原子共掺杂的碳材料

向碳材料中同时引入两种或者多种杂原子时，不同的杂原子之间具有协同效应，可以使碳原子的电子结构和化学性质发生更大的变化，从而获得更优的催化性能。

Zhang 等以富含氮、磷原子的六氯三聚磷腈和富含氟原子的 2，3，5，6－四氟对苯二酚为单体，沉淀聚合以后热解，制备了氮、磷、氟自掺杂的碳球。XPS 分析显示氮、磷、氟的含量分别为 3.89%、1.21%、0.57%。它不仅在较宽的 pH 值范围内表现出优异的 ORR 电催化性能，还在碱性环境下表现出优异的 OER 性能。这种双功能性取决于氮、磷、氟原子的协同作用，具体来说：①碳球上吡啶型氮、羰基等吸电子基团使邻位碳原子带正电荷，有利于吸附 ORR、OER 反应中间体；②磷原子使邻位碳原子极化，产生缺陷，从而创造活性位点，用于 ORR 和 OER；③氟原子的掺入增强了碳球的表面亲水性，促进了 ORR、OER 活性物种在碳球表面的吸脱附。

Li 等报道了在氮掺杂的碳上引入第二种掺杂剂硫时可以提高碳材料在 CO_2 电还原为 CO 反应中的活性和选择性，原因是：一方面，硫可以促进氮更多地以吡啶型氮存在，而吡啶型氮恰恰是 CO_2 还原的活性位点之一（另一活性位点为石墨型氮）；另一方面，硫可以减少生成中间物种 COOH 的活化能，从而提高活性位点的催化活性。基于这种硫诱导的协同效应，该课题组通过柠檬酸和硫脲制备的氮、硫共掺杂的碳纳米片获得了优异的 CO_2 电还原性能，在低过电势下生成 CO 的法拉第效率最高可达 92%。Wen 等以油酸铁为碳源、Na_2SO_4 为硫源和模板、尿素为氮源，通过热解、酸刻蚀等步骤同样制备了氮、硫共掺杂的碳纳米片用于 CO_2 电还原。研究发现，硫对氮掺杂碳的调控除了前面提到的那两点，还表现在硫掺杂后可以提高碳材料的比表面积和孔隙，从而暴露出更多的活性位点，促进反应的进行。

Gao 等以壳聚糖、硼酸为原料制备了氮、硼共掺杂的碳，在乙苯的选择性氧化中催化性能优于氮或硼单独掺杂的碳。XPS 结果显示体系中氮和硼成键。DFT 计算结果则显示拥有 B－N 构型的硼原子具有类金属 d 带电子结构，可有效吸附活性氧物种，促进乙苯氧化。Yu 等将硼或氮引入磷掺杂的碳中，发现在苯甲醇的氧化反应中硼、磷共掺杂比氮、磷共掺杂拥有更大的优势。这源自硼和氮的电负性差异，引入硼可以更好地调控邻位碳的电子结构，使费米能级处的电子密度增加，产生更多的活性位点。此外，硼、磷共掺杂后苯甲醇在碳材料上的氧化路径发生变化，可以通过活化能较低的反应路径被氧化。

4.3 基于 PZS 基核壳结构制备氮、磷、硫共掺杂碳纳米片

碳材料的表面性质对于其发挥优异的催化性能至关重要。从前文可以看到，向碳材料中引入单一或者多元杂原子，有助于调节碳材料的电子结构和化学性质，提高材料的催化性能。通常，直接向碳源中加入含有杂原子的分子不可取，因为这样难以控制杂原子掺杂的均匀性。此外，碳材料的结构在催化中同样发挥着重要的作用。二维结构的碳材料，具有比表面积大、活性位点多、溶液传质阻力小、分散性好等优点，非常适合应用于催化领域。通常，采用硬模板法可以制备二维的碳材料。$g-C_3N_4$ 是一种富含氮原子的碳材料，具有二维层状结构，可以看作石墨烯平面里的部分碳原子被氮原子取代而成。本部分以 $g-C_3N_4$ 纳米片为硬模板，以 PZS 为杂原子源，基于 PZS 的普适性包覆技术衍生制备氮、磷、硫共掺杂的碳纳米片。

4.3.1 实验材料

实验所用试剂如表 4－1 所示。

表4－1　实验所用试剂

中/英文名称	化学式	纯度	采购公司
尿素(Urea)	$CO(NH_2)_2$	分析纯	国药集团
无水甲醇(Absolute Methanol)	CH_3OH	分析纯	国药集团
三乙胺(Triethylamine)	$C_6H_{15}N$	99%	百灵威
双酚S(4，4'－Sulfonyldiphenol)	$C_{12}H_{10}O_4S$	99%	Alfa－Aesar
六氯三聚磷腈(Phosphonitrilic Chloride Trimer)	$Cl_6N_3P_3$	98%	Alfa－Aesar

4.3.2　制备方法

PZS衍生的氮、磷、硫共掺杂碳纳米片通过三步法制备，其制备方法如图4－8所示。

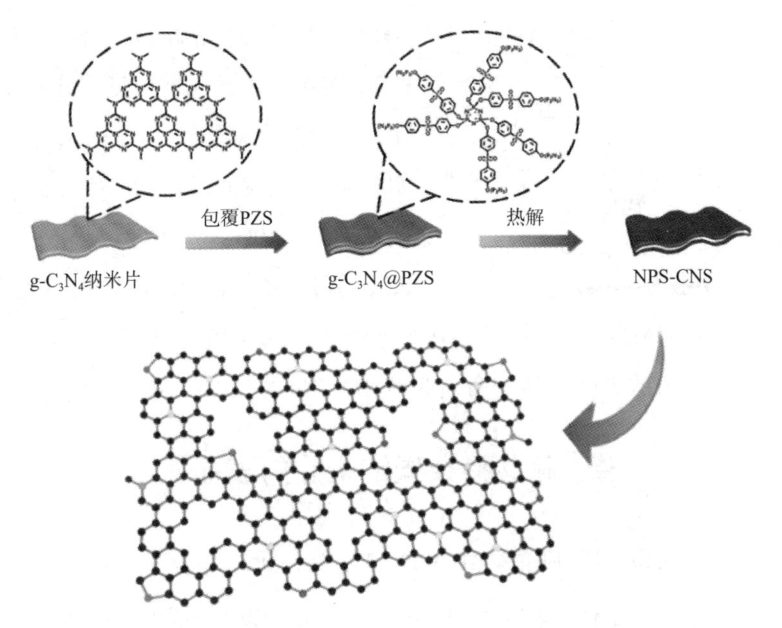

图4－8　$g-C_3N_4$@PZS衍生制备氮、磷、硫共掺杂碳纳米片

具体步骤如下。

(1)硬模板$g-C_3N_4$纳米片的制备。

10g尿素放置于带盖的坩埚中，在马弗炉中以5℃/min的升温速率加热至550℃，保持2h。在这一过程中，尿素会通过热聚合形成二维$g-C_3N_4$纳米片，收集所得浅黄色的粉末以备下一步使用。

(2)PZS 包覆在 $g-C_3N_4$ 的表面制备 $g-C_3N_4$@PZS 前驱体。

①将一定质量的 $g-C_3N_4$ 粉末(100mg、200mg、300mg、400mg)通过超声均匀分散在 160mL 无水甲醇中；②将 280mg 的六氯三聚磷腈和 630mg 的双酚 S 溶解在 26mL 的无水甲醇中，缓慢滴加到 $g-C_3N_4$ 分散液中；③搅拌 5min 后，加入 740μL 的三乙胺，在其作用下，六氯三聚磷腈和双酚 S 在 $g-C_3N_4$ 的表面发生原位聚合，形成以 $g-C_3N_4$ 为内核、高度交联的聚磷腈 PZS 为外壳的核壳结构复合材料 $g-C_3N_4$@PZS；④通过离心收集所得产物，真空干燥 12h。

(3)热解 $g-C_3N_4$@PZS 前驱体制备氮、磷、硫共掺杂碳纳米片。

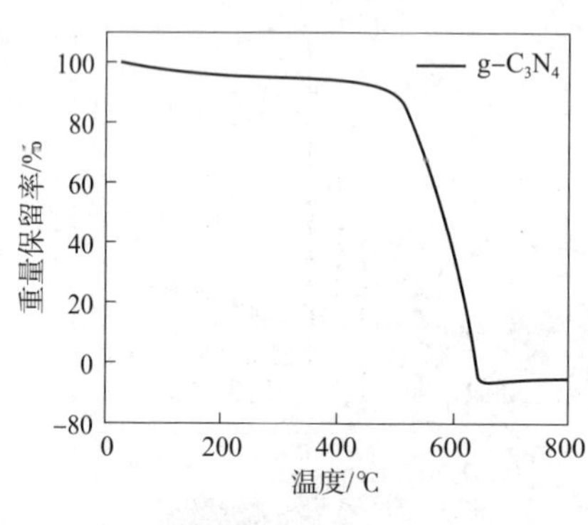

图 4-9　氩气下 $g-C_3N_4$ 的热重分析曲线

将上一步所制得的 $g-C_3N_4$@PZS 置于管式炉中，在氩气保护下以 2℃/min 的升温速率加热至一定温度(700℃、800℃、900℃、1000℃)热解 2h。图 4-9 是 $g-C_3N_4$ 纳米片在氩气下的热重分析曲线。从图 4-9 中可以看到，$g-C_3N_4$ 在 500℃ 开始分解，在 680℃ 以上可以完全分解。因此在 700～1000℃ 热解前驱体 $g-C_3N_4$@PZS 的过程中，$g-C_3N_4$ 模板将完全分解。同时，PZS 包覆层被碳化并且 PZS 中含有的氮、磷、硫杂原子掺入碳层，形成氮、磷、硫共掺杂的碳纳米片，命名为 NPS-CNS-X-Y。

4.3.3　氮、磷、硫共掺杂碳纳米片的表征

4.3.3.1　1000℃时制备碳纳米片的形貌分析

采用透射电子显微镜对材料的形貌进行分析。如图 4-10(a)所示，具有二维片层结构的 $g-C_3N_4$ 纳米片可以通过尿素在 550℃ 时的热聚合产生。六氯三聚磷腈和双酚 S 在 $g-C_3N_4$ 表面原位聚合形成 PZS 包覆层后，$g-C_3N_4$@PZS 维持 $g-C_3N_4$ 纳米片的二维结构特征[图 4-10(b)]。与此形成鲜明对比的是，$g-C_3N_4$ 模板不存在时，两种单体的聚合只能形成球形的 PZS[图 4-10(c)]，说明 $g-C_3N_4$ 作为硬模板对 PZS 的形貌起到了重要的调控作用。在 1000℃ 温度下热解以后，透射电镜显示所得材料 NPS-CNS-300-1000 呈现二维纳米片结构，并

且这些纳米片高度褶皱交叠[图4-10(d)]，这正是由g-C_3N_4模板的形貌所决定的。高的电子束透过率说明碳纳米片较薄。进一步采用原子力显微镜分析碳纳米片的厚度，相应的高度分布图[图4-10(e)、(f)]表明碳纳米片的厚度约为4.4nm。值得注意的是，因为PZS是包覆在g-C_3N_4纳米片的上、下两个表面，所以从透射电镜和原子力显微镜图片上看到的碳纳米片实际上并不是单片的，而是由中间带有空腔的两片碳纳米片堆叠而成，只不过因为这个空腔很薄，所以难以分辨。因此，NPS-CNS-300-1000碳纳米片的每一片厚度平均仅为2.2nm，再次说明其具有超薄的特征。

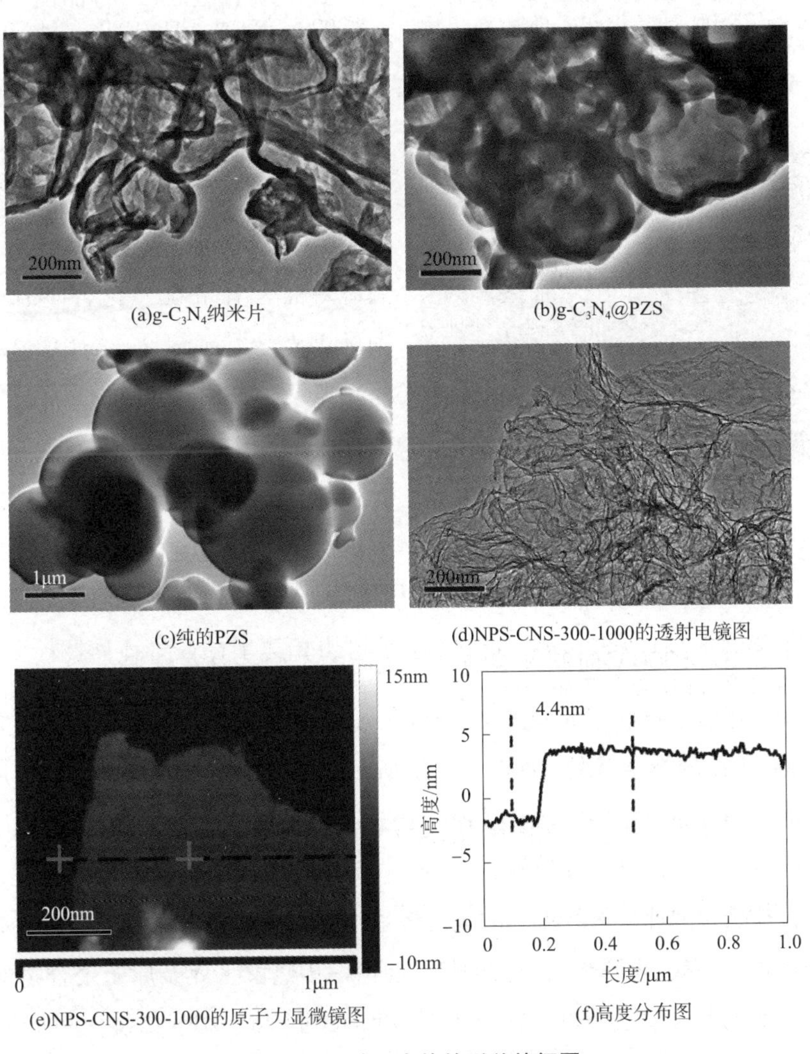

(a)g-C_3N_4纳米片　(b)g-C_3N_4@PZS

(c)纯的PZS　(d)NPS-CNS-300-1000的透射电镜图

(e)NPS-CNS-300-1000的原子力显微镜图　(f)高度分布图

图4-10　碳纳米片的形貌特征图

4.3.3.2 1000℃时制备碳纳米片的物相结构分析

首先，采用高分辨率透射电镜研究在1000℃热解得到的碳纳米片NPS－CNS－300－1000的结构特征。如图4－11(a)所示，碳纳米片上存在清晰可见的晶格条纹，其间距为0.34nm，对应石墨的(002)晶面，说明NPS－CNS－300－1000具有一定的石墨化程度。其次，采用X射线衍射进一步研究其结构特征。从图4－11(b)中可以看到，g－C_3N_4纳米片在13°和27.5°处有两个特征峰，分别对应石墨的(100)和(002)晶面。而经过热解制得的碳纳米片NPS－CNS－300－1000没有上述特征峰，仅在24°处有一个宽峰，对应石墨的(002)晶面，与前面高分辨透射电镜的表征结果一致。此外，这一结果也进一步证明了g－C_3N_4@PZS前驱体在1000℃热解时，g－C_3N_4纳米片可以完全分解。

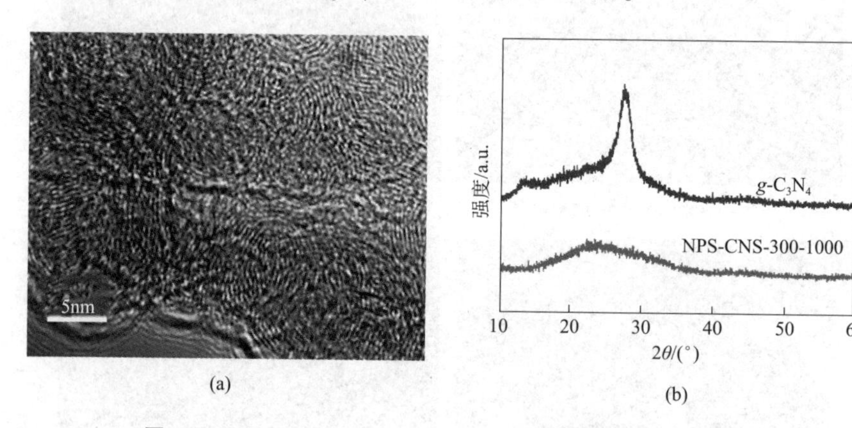

图4－11 NPS－CNS－300－1000的高分辨电镜图(a)和NPS－CNS－300－1000及g－C_3N_4的X射线衍射图(b)

4.3.3.3 1000℃时制备碳纳米片表面的杂原子分布情况

采用与透射电镜联用的能谱仪研究氮、磷、硫原子在碳纳米片NPS－CNS－300－1000表面的掺杂情况。如图4－12所示，氮、磷、硫在整个碳纳米片上呈原子级的均匀分布，说明在热解过程中PZS除了作为碳源，还可以作为杂原子源对自身进行掺杂。此外，硬模板g－C_3N_4在分解的过程中可以产生NH_3，对碳纳米片进行掺杂。因此，最终得到的碳纳米片中氮原子一部分来自PZS，一部分来自g－C_3N_4，而磷、硫原子仅来自PZS。这种一步热解多元杂原子聚合物的过程可以高效地构筑多元杂原子高度均匀掺杂的碳材料，优于传统的后处理掺杂方法。

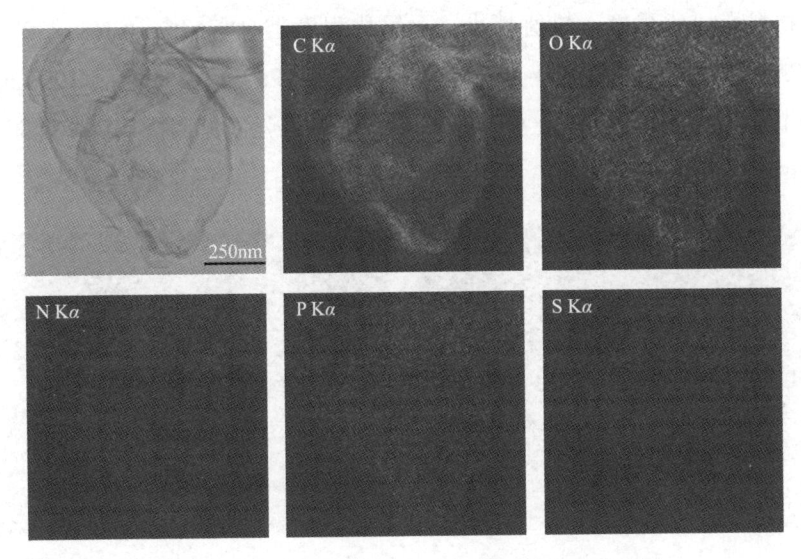

图4－12 NPS－CNS－300－1000的元素分布图

4.3.3.4 热解温度对碳纳米片形貌、物相结构的影响

与NPS－CNS－300－1000相比，保持g－C_3N_4模板的使用量不变，改变g－C_3N_4@PZS前驱体的热解温度，使其分别在700℃、800℃、900℃热解，产物依次命名为NPS－CNS－300－700、NPS－CNS－300－800、NPS－CNS－300－900。从透射电镜图[图4－13(a)～(c)]中可以看到，NPS－CNS－300－Y的形貌没有发生明显的变化，均为纳米片结构。X射线衍射图[图4－13(d)]显示在24°处均有一个比较宽的特征峰，与石墨的(002)晶面相对应，说明在700℃、800℃、900℃制备的碳纳米片同样具有一定的石墨化程度。随着热解温度的提高，24°处的特征峰强度发生变化，其中NPS－CNS－300－1000的特征峰最强，说明和其他温度下的热解产物相比，其具有较大的石墨化程度。热解温度为700℃时，NPS－CNS－300－700的X射线衍射图上就已观察不到g－C_3N_4的特征峰，进一步证实g－C_3N_4在680℃以上可以完全分解。

在材料科学中，常用拉曼光谱研究碳材料的石墨化程度。如图4－14所示，NPS－CNS－300－Y在1350cm^{-1}和1590cm^{-1}有两个特征峰，分别对应的是D带(无序的sp^3杂化的碳)和G带(石墨化sp^2杂化的碳)，进一步证明了碳纳米片具有石墨化特征。与纯的石墨烯的G带(1580cm^{-1})相比，NPS－CNS－300－Y的G带偏移，主要是由杂原子掺杂所造成的。文献中常用D带与G带的峰强度比I_D/I_G

表示碳材料石墨化程度，数值越小，石墨化程度越高。NPS－CNS－300－700、NPS－CNS－300－800、NPS－CNS－300－900、NPS－CNS－300－1000 的 I_D/I_G 分别为1.06、1.00、0.97、0.95。D 峰和 G 峰的峰强度比依次降低，表明随着热解温度的提高，碳纳米片的石墨化程度逐渐增大，这与 XRD 的表征结果一致。

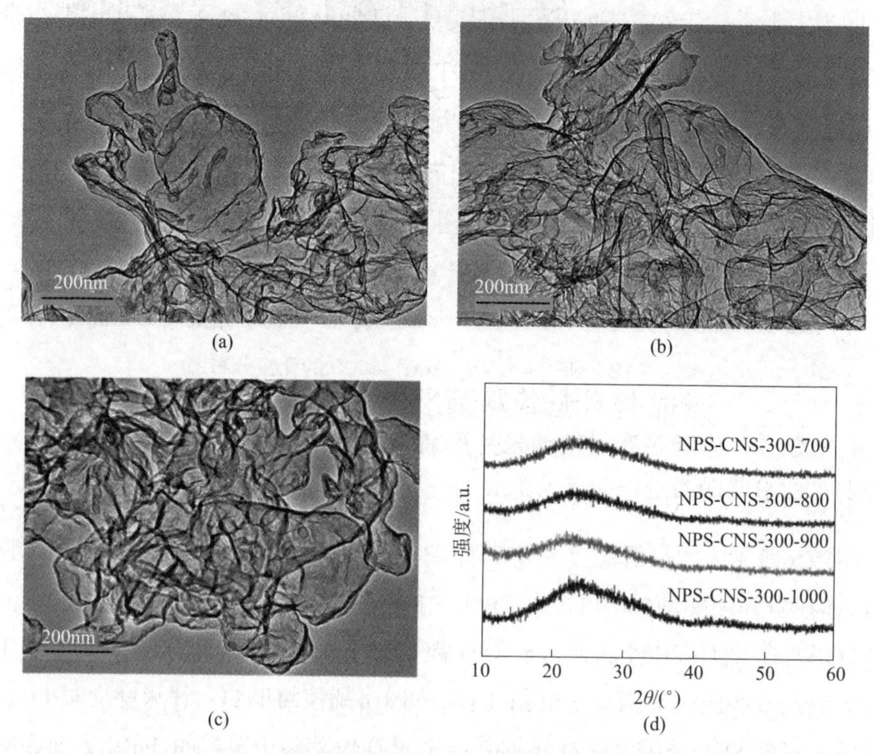

图4－13　NPS－CNS－300－700(a)、NPS－CNS－300－800(b)、NPS－CNS－300－900(c)的透射电镜图片和 NPS－CNS－300－Y 的 X 射线衍射图(d)

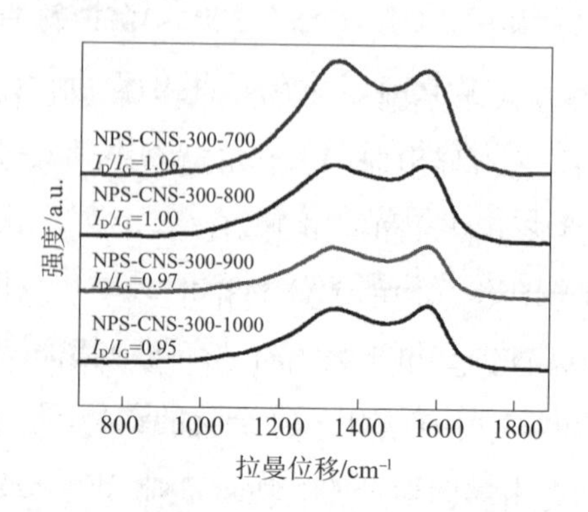

图4－14　NPS－CNS－300－Y 的拉曼光谱图

4.3.3.5　模板用量对碳纳米片形貌的影响

与 NPS－CNS－300－1000 相比，保持 1000℃热解条件不变，将 g－C_3N_4 纳米片的用量调整为 100mg、200mg、400mg，研究 g－C_3N_4 模板的用量对制备氮、磷、硫共掺杂碳纳米片的影响。热解产物依次命名为 NPS－CNS－100－1000、NPS－CNS－200－1000、NPS－CNS－400－1000。其透射电镜图片如图 4－15 所示，可以看到，它们的结构与 NPS－CNS－300－1000 类似，均为二维纳米片结构，观察不到球形聚集体的存在，表明在以上的各个比例下 PZS 都能均匀地包覆在 g－C_3N_4 的表面。此外，随着 g－C_3N_4 模板的用量增加，电子束的透过率增加，说明碳纳米片的厚度降低。但是由于碳纳米片中存在很多堆积和褶皱，因此难以精确区分它们之间的厚度差异。

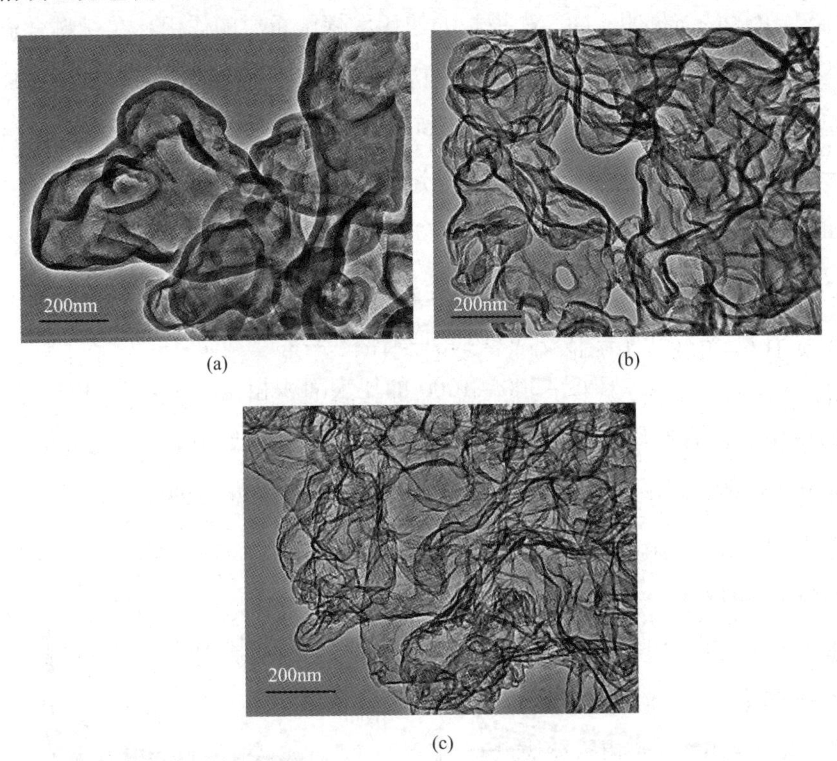

图 4－15　NPS－CNS－100－1000(a)、NPS－CNS－200－1000(b)和 NPS－CNS－400－1000(c)的透射电镜图

4.3.3.6　不同条件所制备碳纳米片的比表面积和孔隙性质分析

采用氮气吸脱附曲线研究各个样品的比表面积和孔隙性质。图 4－16(a)是

PZS－1000（纯的 PZS 球在 1000℃热解 2h）和 NPS－CNS－300－Y 的氮气吸脱附曲线。从图 4－16（a）中可以看到，无 g－C_3N_4 模板时，PZS 球在 1000℃热解后，氮气吸脱附曲线呈现典型的 type－I 型，表明只有微孔存在，比表面积为 562$m^2 \cdot g^{-1}$。而所有的 NPS－CNS－300－Y 碳纳米片的吸脱附曲线均呈典型的 type－IV 型。这表明在 NPS－CNS－300－Y 碳纳米片中既存在微孔也存在介孔。介孔有两种：一种是碳纳米片表面上存在的介孔，另一种是碳纳米片相互堆叠与连接形成的介孔。NPS－CNS－300－700、NPS－CNS－300－800、NPS－CNS－300－900 和 NPS－CNS－300－1000 的比表面积分别是 330$m^2 \cdot g^{-1}$、755$m^2 \cdot g^{-1}$、807$m^2 \cdot g^{-1}$、1198$m^2 \cdot g^{-1}$。因此，随着热解温度的提高，NPS－CNS－300－Y 的比表面积依次增加。在相同的热解温度下，NPS－CNS－300－1000 的比表面积远远高于PZS－1000的，说明 g－C_3N_4 模板的使用发挥了重要的作用。在材料合成的过程中，g－C_3N_4 模板的存在可以使 PZS 铺展在其表面，前驱体 g－C_3N_4@PZS 经过热解后，g－C_3N_4 完全分解，而 PZS 包覆层则碳化为二维纳米片结构，提高其比表面积。同时在热解的过程中 g－C_3N_4 分解释放出的气体可以充当造孔剂，使表面的 PZS 包覆层产生介孔。图 4－16（b）为 1000℃热解温度下制备的 NPS－CNS－X－1000 的氮气吸脱附曲线。NPS－CNS－100－1000、NPS－CNS－200－1000、NPS－CNS－400－1000 的比表面积分别为 873$m^2 \cdot g^{-1}$、915$m^2 \cdot g^{-1}$、1031$m^2 \cdot g^{-1}$。与 NPS－CNS－300－1000 的比表面积相比，可以看到随着模板使用量的增加，碳纳米片的比表面积总体呈先增加后降低的趋势。当模板用量为 300mg 时，所制备的碳纳米片的比表面积达到最大值，为 1198$m^2 \cdot g^{-1}$。

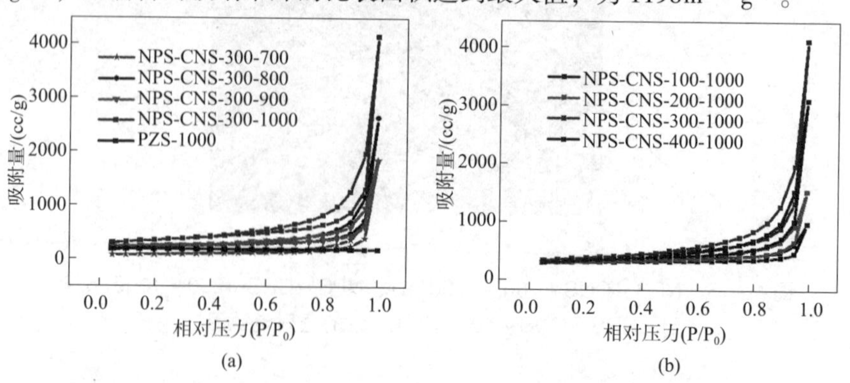

图 4－16　NPS－CNS－300－Y 和 PZS－1000 的氮气吸脱附曲线（a）和 NPS－CNS－X－1000 的氮气吸脱附曲线（b）

4.3.3.7 碳纳米片中氮、磷、硫原子的掺杂状态

采用X射线光电子能谱研究氮、磷、硫在碳纳米片中的掺杂形式。

(1)考察热解温度对氮、磷、硫掺杂状态的影响。

如图4-17所示，XPS元素全谱表明NPS-CNS-300-700、NPS-CNS-300-800、NPS-CNS-300-900、NPS-CNS-300-1000中均掺杂有氮、磷、硫原子。从表4-2中可以看到，随着热解温度的提高，碳原子的含量逐渐增加，而氮原子、磷原子、氧原子的含量逐渐降低。硫原子的含量总体呈增加的趋势，在1000℃稍有降低。NPS-CNS-300-1000中氮、磷、硫原子的含量分别为2.32%、0.68%、0.49%。而PZS-1000中氮、磷、硫原子的含量分别为1.18%、0.74%、0.70%。NPS-CNS-300-1000中的氮原子含量几乎是PZS-1000的两倍，说明在热解的过程中，$g-C_3N_4$纳米片确实可以充当额外的氮源，对PZS包覆层进行掺杂，从而提高NPS-CNS-300-1000中的氮含量。

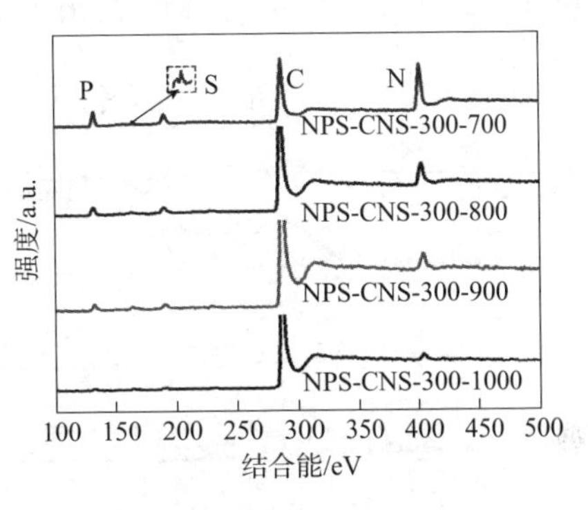

图4-17 NPS-CNS-300-Y的元素全谱

表4-2 PZS-1000和NPS-CNS-300-Y中各元素的含量 单位:%

样品	碳	氮	磷	硫	氧
PZS-1000	91.25	1.18	0.74	0.70	6.13
NPS-CNS-300-700	53.20	29.12	6.81	0.32	10.56
NPS-CNS-300-800	76.48	9.09	2.85	0.53	11.06
NPS-CNS-300-900	84.34	4.75	1.60	0.59	8.72
NPS-CNS-300-1000	89.10	2.32	0.68	0.49	7.41

图4-18(a)是NPS-CNS-300-Y的高分辨N1s谱，从图4-18(a)中可以看到，随着热解温度的提高，氮原子的掺杂形式发生了明显的变化。NPS-CNS-300-700和NPS-CNS-300-800中含有四种形式的氮，分别是吡啶型氮(398.3eV)、吡咯型氮(400.0eV)、石墨型氮(401.1eV)和氮的氧化物(403.5eV)。而当热解温度提高到900℃和1000℃时，NPS-CNS-300-900和NPS-CNS-

300－1000 中不再含有吡咯型氮，石墨型氮成为主要氮物种。统计 NPS－CNS－300－Y 中各种类型的氮原子在所有氮原子中的含量分布。如图4－18(b)所示，随着热解温度的提高，石墨型氮原子的相对含量逐渐增加，NPS－CNS－300－1000 中石墨型氮原子含量高达 70.0%。

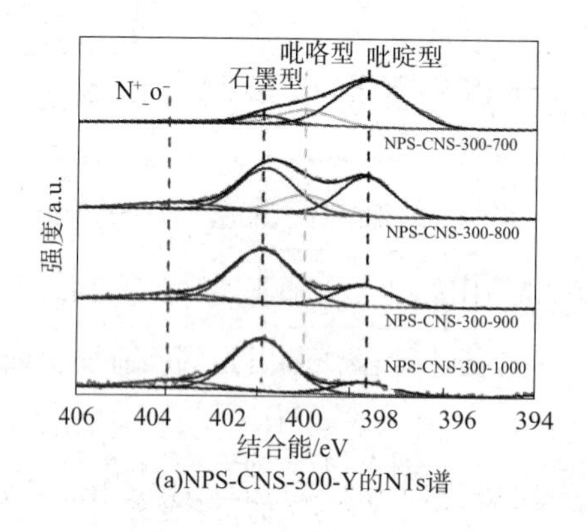

(a)NPS-CNS-300-Y的N1s谱

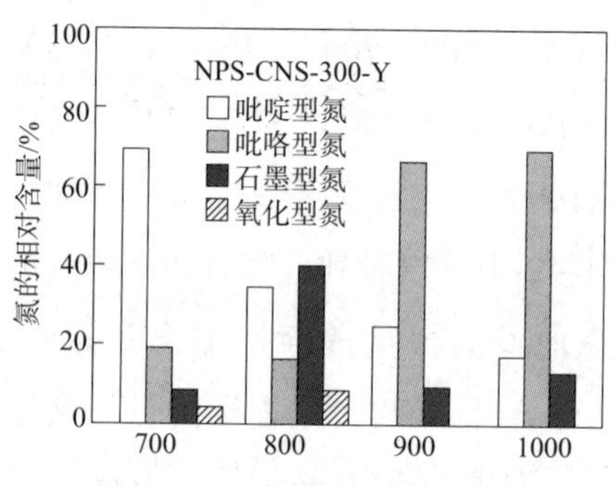

(b)NPS-CNS-300-Y中氮物种的相对含量

图 4－18　NPS－CNS－300－Y 的 N1s 谱及其中氮物种的相对含量

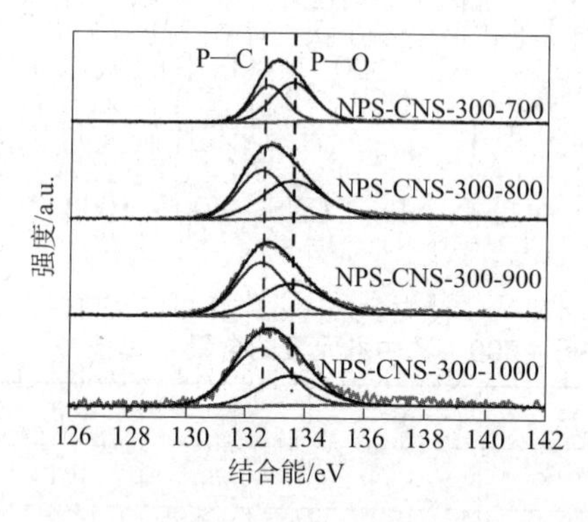

图 4－19　NPS－CNS－300－Y 的 P2p 谱

NPS－CNS－300－Y 的高分辨 P2p 谱如图 4－19 所示，经过分峰处理，结合能位于 132.5eV 处的峰归属于 P—C，结合能位于 133.7eV 处的峰归属于 P—O。虽然热解温度不影响 NPS－CNS－300－Y 中磷原子的种类，但是在较高温度下磷原子倾向于以 P—C 的形式存在，而 P—O 的含量则降低。

与磷原子一样，热解温度也不影响 NPS－CNS－300－Y 中硫原子的种类。分峰处理后，硫原子的高分辨 S2p 谱(图 4－20)上均显示三个特征峰，结合能分别位于 163.8eV、165.1eV 和 168.2eV，归属于—C—S—C—的 $2p^{3/2}$、$2p^{1/2}$ 自旋分裂轨道和氧化态硫。随着热解温度的提高，氧化态硫的相对含量增加，可能是由于在

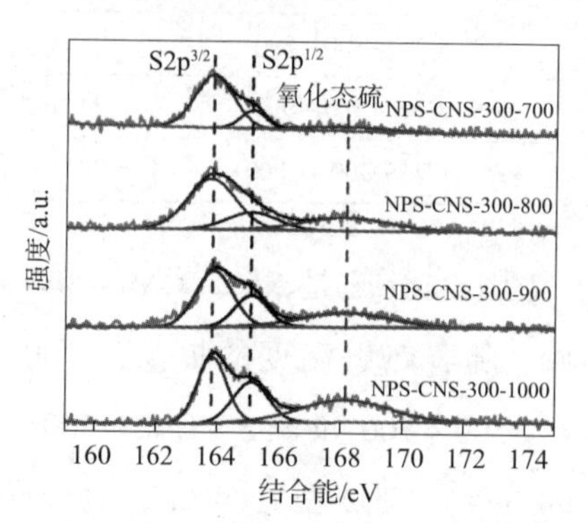

图 4－20　NPS－CNS－300－Y 的 S2p 谱

较高的温度下，硫和氧结合形成了稳定的硫酸根，这解释了为什么表4－2中硫原子的含量随着热解温度的提高总体呈现增加的趋势。

(2)考察g－C_3N_4模板使用量对氮、磷、硫掺杂状态的影响。

如图4－21所示，改变g－C_3N_4的使用量，NPS－CNS－X－1000的高分辨N1s谱、P2p谱、S2p谱没有发生明显的变化，但是碳纳米片中氮的掺杂量随着模板用量的增加而增加，由1.70%提高到2.48%(表4－3)，原因是：g－C_3N_4用量增加时，热解过程中更多的NH_3释放出来，对碳层进行掺杂，从而使氮掺杂量增加。

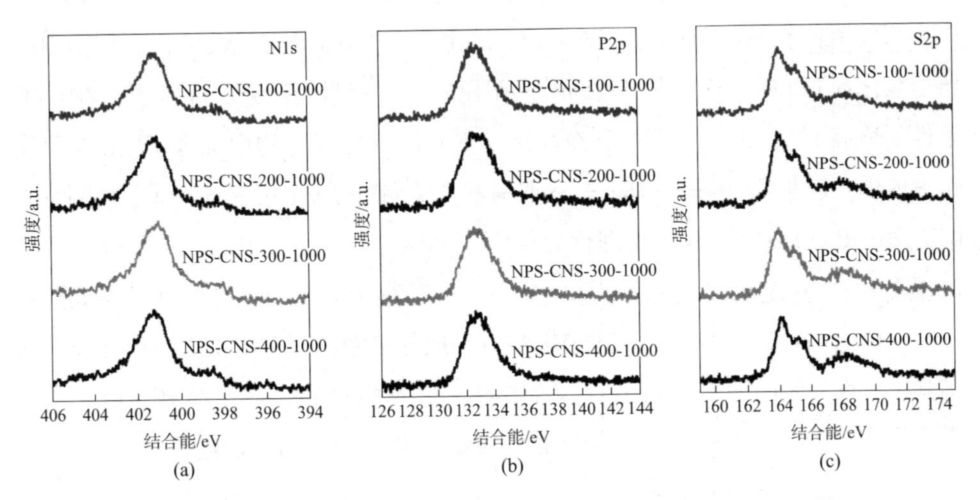

图4－21 NPS－CNS－X－1000的N1s谱(a)、P2p谱(b)和S2p谱(c)

表4－3 NPS－CNS－X－1000中各元素含量 单位：%

样品	C	N	P	S	O
NPS－CNS－100－1000	91.30	1.70	0.62	0.59	5.81
NPS－CNS－200－1000	89.77	2.12	0.69	0.58	6.85
NPS－CNS－300－1000	89.10	2.32	0.68	0.49	7.41
NPS－CNS－400－1000	89.15	2.48	0.69	0.49	7.20

4.3.4 氮、磷、硫共掺杂碳纳米片用于芳香烃的选择性氧化

芳香烃的选择性氧化是有机合成中一种重要的C—H活化反应，也是石油化工领域的重点之一。催化氧化是实现芳香烃选择性氧化的关键技术。通常使用贵

金属或过渡金属催化剂，然而由于存在成本昂贵和污染环境等问题，所以有必要开发价格低廉、对环境友好的碳催化剂。碳材料的催化性能与其自身的结构和活性中心有很大关系。构筑具有二维结构和杂原子掺杂的碳材料可以创造出较大的比表面积、活泼的反应位点等，从而可以促进催化反应的发生。前面制备的 NPS - CNS - X - Y 符合以上两个要求，即具有超薄的二维片层结构和多种杂原子共同掺杂，因此有望作为非金属催化剂应用于芳香烃的选择性氧化。

4.3.4.1 催化剂评价方法

以乙苯的选择性氧化作为模型反应评价 NPS - CNS - X - Y 的催化性能。具体步骤包括：①将 0.5mmol 乙苯、8mg 催化剂、500μL 叔丁基过氧化氢（TBHP，作为氧化剂）和 1mL H_2O 加入 15mL 的耐压瓶中，旋紧聚四氟乙烯塞子，在 80℃条件下反应 12h；②反应结束后冷却至室温，向反应混合物中加入 77μL 苯甲醚作为内标；③加入 10mL CH_2Cl_2 萃取有机相；④采用气相色谱（GC，Shimadzu GC - 2010Plus）对所得有机相进行分析，检测器为火焰离子化检测器（FID），色谱柱为 Rtx - 5 毛细管柱（直径为 0.25mm，长度为 30m）；⑤采用气相质谱联用仪（GC - MS，Shimadzu GCMS - QP2010S）对各成分定性；⑥在催化剂循环性能测试实验中，反应时间缩短为 6h；⑦反应结束后，萃取产物，催化剂离心后用乙醇将产物洗涤 3 次，在 60℃真空干燥后，回收催化剂用于下次反应。

4.3.4.2 催化测试结果

乙苯在叔丁基过氧化氢（TBHP）的作用下发生氧化反应，可能生成四种产物，包括苯乙酮、苯甲醛、苯基乙醇和苯甲酸（图 4 - 22）。其中，苯乙酮是目标产物，也是重要的有机化工原料，可作为纤维素和树脂类材料的溶剂，也可以用于合成染料、香料、医药中间体、塑料增塑剂等领域。

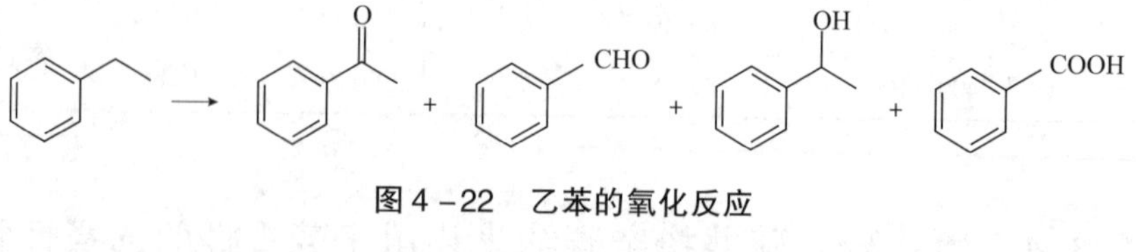

O　CHO　OH　COOH

图 4 - 22　乙苯的氧化反应

（1）催化剂筛选结果。

表 4 - 4 列出了不同条件制备的氮、磷、硫共掺杂碳纳米片的催化性能。由表 4 - 4 可以看到，不使用催化剂时，乙苯在叔丁基过氧化氢的作用下反应 6h，

转化率仅为12.4%，对目标产物苯乙酮的选择性仅为58.0%。使用PZS－1000作为催化剂，反应的转化率和选择性稍有提高，分别为20.5%、62.3%，说明氮、磷、硫掺杂碳材料对该反应有初步的提升效果，合理地优化材料的形貌与结构有望获得性能优异的催化剂。g－C_3N_4作为硬模板，PZS作为包覆层，构筑出氮、磷、硫共掺杂碳纳米片，作为该反应的催化剂。从序号3、4、5、6的对比可以看到，在模板用量相同时，制备得到的碳纳米片的催化性能随着热解温度的提高而提高。g－C_3N_4@PZS在1000℃热解得到的NPS－CNS－300－1000的催化活性最高，反应6h，乙苯的转化率为83.5%，对苯乙酮的选择性为96.4%，远高于相同热解温度下PZS－1000的转化率和选择性。而从序号6、7、8、9的对比可以看到，保持相同的热解温度，改变模板用量，制备得到的碳纳米片的催化性能与模板用量呈火山形关系，即先提高后降低，NPS－CNS－300－1000的催化活性最高说明制备过程中模板最佳用量为300mg。进一步优化反应条件，将NPS－CNS－300－1000的投加量从5mg增加到8mg，反应时间延长到12h，乙苯的转化率可以提高到96.1%，对目标产物的选择性则提高到99.1%。

表4－4　PZS－1000和NPS－CNS－X－Y的催化性能

序号	催化剂	时间/h	转化表/%	选择性/%			
				b	c	d	e
1	—	6	12.4	58.0	21.2	6.5	14.3
2	PZS－1000	6	20.5	62.3	16.3	5.3	16.1
3	NPS－CNS－300－700	6	14.8	69.4	17.4	4.9	8.2
4	NPS－CNS－300－800	6	60.4	78.5	7.4	2.3	11.8
5	NPS－CNS－300－900	6	70.8	84.1	9.7	2.9	3.3
6	NPS－CNS－300－1000	6	83.5	96.4	2.3	1.2	0.1
7	NPS－CNS－100－1000	6	57.2	78.5	7.4	2.3	11.8
8	NPS－CNS－200－1000	6	77.5	97.0	1.2	1.8	0
9	NPS－CNS－400－1000	6	78.7	95.5	2.9	1.2	0.4
10[f]	NPS－CNS－300－1000	6	91.6	96.1	0.8	0.8	0
11[f]	NPS－CNS－300－1000	12	96.1	99.1	0.5	0.4	0

注：反应条件：催化剂(5mg)，TBHP[0.5mL，70%(wt)的水溶液]，乙苯(0.5mmol)，H_2O(1mL)，80℃；[f]催化剂：8mg。

(2)催化剂稳定性测试。

筛选出来最优的催化剂NPS－CNS－300－1000后，在相同的反应条件下重复使用5次以测试其稳定性。从图4－23中可以看到，循环过程中，NPS－CNS－300－1000催化乙苯氧化的转化率在前四次有所降低，第五次又有所恢复，对苯乙酮的选择性则稍微降低以后保持稳定。整体来说，NPS－CNS－300－1000对乙苯的选择性氧化保持较高的活性和选择性，反应的转化率可以维持在73%以上，选择性则保持在88%以上。透射电镜图片(图4－24)显示循环后NPS－CNS－300－1000的形貌没有发生明显变化。

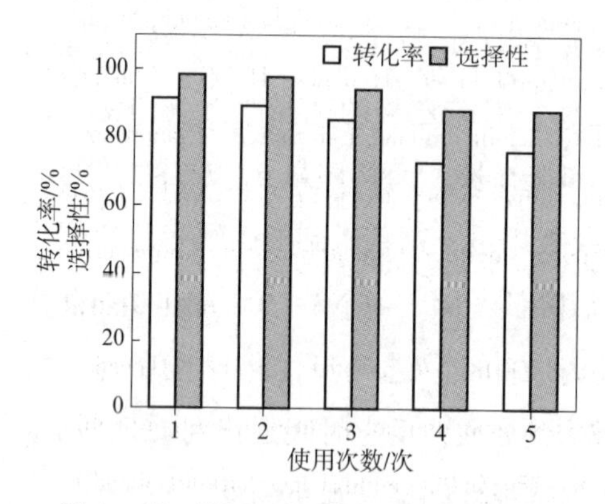

图4－23　NPS－CNS－300－1000的循环性能测试

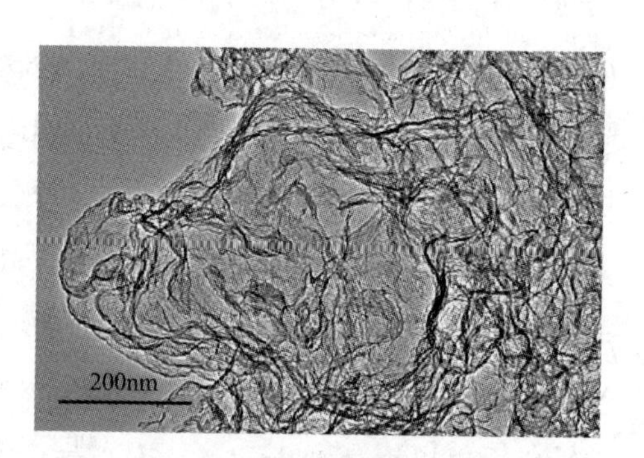

图4－24　循环5次后NPS－CNS－300－1000的透射电镜图

(3)催化剂的底物扩展性能。

NPS－CNS－300－1000的底物扩展结果如表4－5所示，NPS－CNS－300－1000对多种芳香烃的选择性氧化具有优异的催化性能。其中，催化4－乙基苯甲醚氧化为对甲氧基苯甲醛的转化率和选择性均为84%，催化4－乙基硝基苯氧化为对硝基苯甲醛的转化率和选择性分别为92%、99%，催化2－乙基萘、二苯基甲烷、芴氧化为相应醛的转化率和选择性均高于99%。

表4－5　NPS－CNS－300－1000的底物拓展结果　　单位:%

序号	底物	产物	转化率	选择性
1	MeO	O MeO	84	84
2	O_2N	O O_2N	92	99

续表

序号	底物	产物	转化率	选择性
3	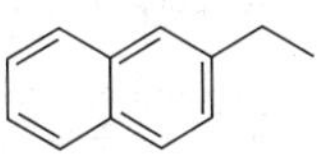	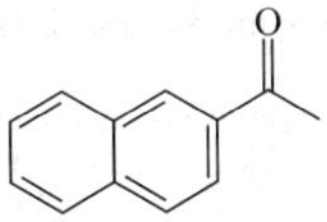	>99	>99
4	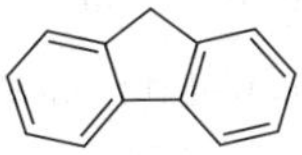	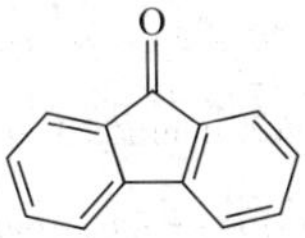	>99	>99
5	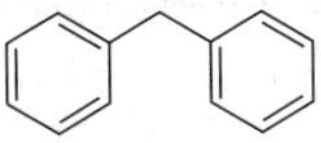	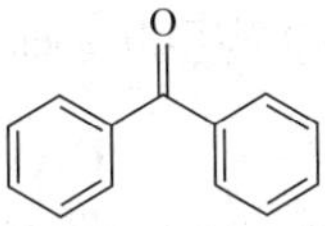	>99	>99

注：反应条件：NPS－CNS－300－1000（8mg），TBHP［0.5mL，70%（wt）的水溶液］，底物（0.5mmol），H_2O(1mL)，80℃，12h。

(4) NPS－CNS－300－1000催化性能优异的原因。

NPS－CNS－300－1000的高催化活性可以归结于两方面的因素：①碳纳米片的二维结构赋予其较大的比表面积，加快反应中的传质过程，并暴露出更多的活性位点；②多种杂原子共同对碳纳米片进行掺杂，可以改变相邻碳原子的电子结构，创造出新的活性位点。北京大学马丁等详细研究了氮掺杂的石墨烯催化C—H键选择性氧化的反应机制，发现石墨型氮在C—H键的选择性氧化中起决定性的作用。氮原子本身并不是活性中心，但是石墨型氮可以改变相邻碳原子的电子结构，使碳原子的电子云密度和自旋密度增大，从而提高催化活性。因此，NPS－CNS－300－1000中含有的石墨型氮比例最高，并且比表面积最大，催化性能最优异。此外，很多文献报道中提到了磷原子和硫原子同样可以调节碳原子的电子结构和自旋密度。以上提到的这些特征发挥协同作用，使NPS－CNS－300－1000成为优异的非金属催化剂，在芳香烃的选择性氧化反应中获得较高的活性和选择性，以及良好的稳定性。

4.3.5 氮、磷、硫共掺杂碳纳米片用于氧还原反应

氧还原反应(ORR)是氧气作为反应物生成水或过氧化氢的反应，在直接甲醇燃料电池、质子交换膜燃料电池等各类化学能－电能转换装置中起重要的作用。

氧还原反应的发生有两种路径：一种是二电子过程，另一种是四电子过程。在碱性介质中，氧还原反应步骤为：

四电子路径　$O_2 + 2H_2O + 4e^- \longrightarrow 4OH^-$

二电子路径　$O_2 + H_2O + 2e^- \longrightarrow HO_2^- + OH^-$

$HO_2^- + H_2O + 2e^- \longrightarrow 3OH^-$

在酸性介质中，氧还原反应步骤为：

四电子路径　$O_2 + 4H^+ + 4e^- \longrightarrow 2H_2O$

二电子路径　$O_2 + 2H^+ + 2e^- \longrightarrow H_2O_2$

$H_2O_2 + 2H^+ + 2e^- \longrightarrow 2H_2O$

二电子过程中产生的过氧化物会使催化剂中毒，并破坏电解质膜，使燃料电池的性能降低，而四电子过程则可以将氧气直接转化为 OH^-，并且从能量的利用效率来看，四电子过程也更有利于燃料电池。

目前在氧还原反应中最有效的催化剂是贵金属铂及铂基合金催化剂，但是由于铂在自然界的储量很低，这种催化剂的成本往往比较高昂，限制了燃料电池或金属－空电池的大规模生产。近年来，研究者们着手开发了新型非贵金属催化剂替代 Pt 基催化剂，其中，碳基催化剂在这一领域展示出巨大的潜力。NPS－CNS－300－1000 所具有的二维结构和多元杂原子掺杂特征，有望在氧还原反应中发挥重要作用。

4.3.5.1　ORR 性能测试方法

ORR 性能测试在配有 RRDE－3A 仪器的电化学工作站 Autolab PGSTAT 302N 上进行，工作电极为玻碳盘铂环电极，参考电极为 Ag/AgCl 电极，对电极为 Pt 电极，电解液为 0.1mol/L 的 KOH 溶液。开始测试前，向电解液中通入 O_2 至少 30min，保证 O_2 饱和。在 N_2 对比实验中，开始测试前，通入 N_2 至少 30min，保证 N_2 饱和。所有的线性扫描伏安（LSV）测试，工作电极转速为 1600r/min。所有的旋转环盘电极（RRDE）测试时，环电极的电位恒定在 1.5V（vs. RHE），以氧化盘电极上产生的过氧化物。工作电极的制备方法为：①测试前，用氧化铝粉末对玻碳盘铂环电极进行机械抛光，用乙醇洗涤后干燥备用；②将 5mg 的 NPS－CNS－300－1000 加入 1mL 乙醇中，超声分散 30min，形成均匀的浆液；③取 15μL 浆液滴在电极的表面（负载量 $0.6mg/cm^2$），乙醇全部挥发以后滴加 1 滴 0.5%（wt）的 Nafion 溶液，然后

在空气中干燥，制得工作电极。对比实验中，使用20%(wt)的Pt/C催化剂制得工作电极，负载量为0.127mg/cm^2。

4.3.5.2 NPS－CNS－300－1000的ORR性能

(1)循环伏安测试。

在氮气或氧气饱和的0.1M KOH溶液中对NPS－CNS－300－1000进行循环伏安测试，初步观察其是否对氧还原反应具有催化活性。从图4－25中可以看到，在氮气饱和的条件下，NPS－CNS－300－1000的循环伏安曲线上没有明显的氧化还原峰。而在氧气饱和的KOH溶液中，则可以观察到一个很大的氧化还原峰，起始电位为0.938V，说明NPS－CNS－300－1000在电化学条件下可以促进氧还原反应的发生。

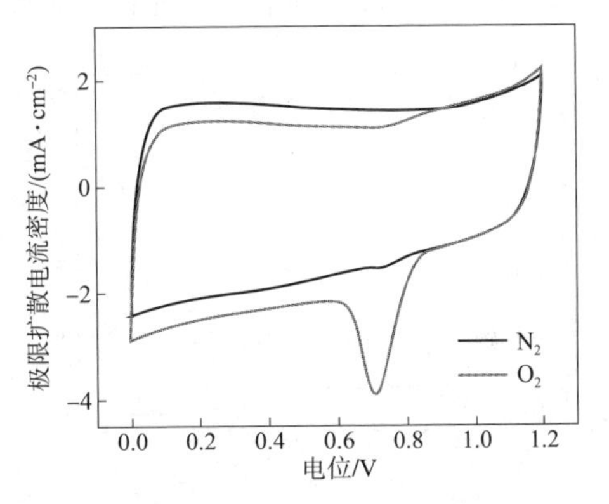

图4－25 NPS－CNS－300－1000在N_2或者O_2饱和的0.1M KOH溶液中的循环伏安曲线，扫速为50mV·s^{-1}

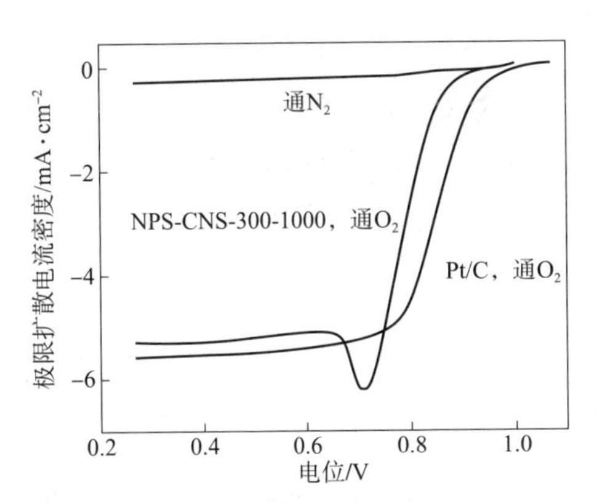

图4－26 NPS－CNS－300－1000和Pt/C在O_2饱和的0.1M KOH溶液中的线性扫描伏安曲线，扫速为10mV·s^{-1}

(2)线性扫描伏安测试。

进行线性扫描伏安测试，并对比NPS－CNS－300－1000和商业Pt/C的催化性能。半波电位是衡量ORR催化剂性能的重要指标之一。如图4－26所示，商业Pt/C的极限扩散电流密度为5.614mA·cm^{-2}，半波电位为0.85V。同一条件下，NPS－CNS－300－1000的极限扩散电流密度为5.341mA·cm^{-2}，与Pt/C非常接近。其半波电位为0.800V，也仅仅比Pt/C的低50mV。可以说，作为非金属的催化剂，NPS－CNS－300－1000表现出来的性能是非常优异的。

(3)电子转移数测定。

采用旋转环盘电极研究氧还原过程中的电子转移数，其数值n可通过以下公式计算得到：

$$n = 4 \times \frac{j_d}{j_d + j_r / N} \tag{4-1}$$

式中，j_d 代表盘电极上的电流密度，mA·cm^{-2}；j_r 代表环电极上的电流密度，mA·cm^{-2}；N 代表环电极上过氧化氢的收集率，数值为 42.4%。

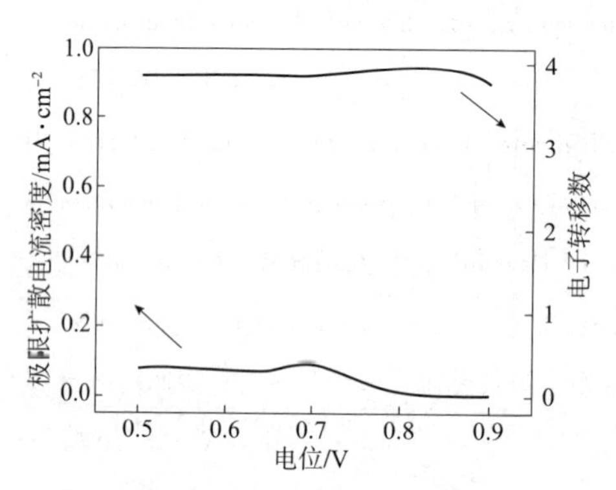

图 4－27 ORR 测试中的环电极电流密度和电子转移数

在旋转环盘电极上，圆盘电流和圆环电流可以分别反映四电子过程、二电子过程占总反应过程的百分比。如图 4－27 所示，电压为 0.5 ~ 0.9V (vs. RHE) 时，环电极上的电流密度极低，表明整个氧还原反应过程中，在 NPS－CNS－300－1000 表面发生的主要是四电子过程。经过计算，相应的电子转移数为 3.8 ~ 4.0，进一步确认这是一个四电子的氧还原反应过程。

(4) 甲醇耐受性测试。

甲醇耐受性是评价 ORR 催化剂性能的一个常用指标。对于阳极采用甲醇为燃料的燃料电池，甲醇分子容易穿透交换膜到达阴极，从而毒化阴极的催化剂。采用计时电流法研究 NPS－CNS－300－1000 的抗甲醇中毒性能，对比催化剂仍然是商业 Pt/C。如图 4－28 所示，在电压恒定、电极旋转速度为 1600r/min 的情况下，向溶液中加入 0.5M 甲醇，NPS－CNS－300－1000 的电流衰减速度小于 Pt/C。经过 20000s，商业 Pt/C 的电流密度损失 42%，而 NPS－CNS－300－1000 损失 28%，说明 NPS－CNS－300－1000 具有更好的甲醇耐受性。

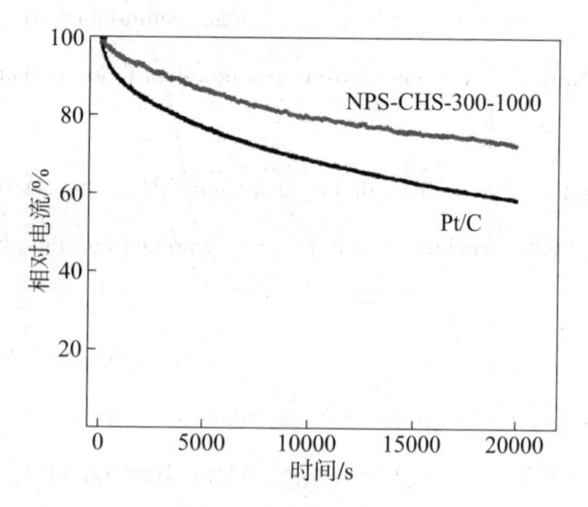

图 4－28 NPS－CNS－300－1000 和 Pt/C 的甲醇耐受性测试

以上分析认为，作为非金属碳催化剂，NPS－CNS－300－1000 在电化学氧还原反应中表现出优异的性能。这种高的电化学催化活性与其自身的结构息息相关：①氮、磷、硫杂原子同时对碳纳米片进行掺杂，使碳原子周围的电子重排，电子云密度增大，创造出更多的活性位点；②碳纳米片具有二维超薄片层结构，比表面积高达 $1198m^2 \cdot g^{-1}$，并且结构中含有介孔，有利于活性位点的暴露和传质过程。

4.3.6 小结

以上研究中，以具有二维结构的 g - C_3N_4 纳米片为模板，表面包覆 PZS 后，在高温氩气下经进一步碳化，构筑了氮、磷、硫杂原子高度均匀掺杂的二维超薄碳纳米片。原子力显微镜测试结果表明在1000℃条件下制备得到的纳米片层厚度仅约为2.2nm。氮气吸脱附测试表明纳米片的比表面积最高可达 $1198m^2 \cdot g^{-1}$。碳纳米片中氮、磷、硫原子的掺杂状态与热解温度有关。g - C_3N_4 纳米片在制备氮、磷、硫共掺杂纳米片过程中起到以下关键作用：①充当二维结构模板，PZS 在其表面均匀包覆，经高温热解形成氮、磷、硫共掺杂的碳纳米片；②热解过程中，g - C_3N_4 中的部分氮原子同时对 PZS 壳层进行掺杂，提高碳纳米片总的掺氮量；③热解过程中，g - C_3N_4 分解释放出来的气体充当造孔剂，使壳层产生介孔，提高碳纳米片的比表面积。此外，g - C_3N_4 纳米片在 680℃以上即可完全分解，无须后处理除模板。当模板用量为300mg、热解温度为1000℃时，所制备得到的 NPS - CNS - 300 - 1000 的催化性能最佳，其在芳香烃的选择性氧化和碱性介质下的氧还原反应中均表现优异。

参考文献

[1] Xin Q, Shah H, Nawaz A, et al. Antibacterial carbon - based nanomaterials [J]. Advanced Materials, 2019, 31: 1804838.

[2] Liu L, Zhu Y - P, Su M, et al. Metal - free carbonaceous materials as promising heterogeneous catalysts [J]. ChemCatChem, 2015, 7: 2765 - 2787.

[3] Zhai Y, Zhu Z, Dong S. Carbon - based nanostructures for advanced catalysis [J]. ChemCatChem, 2015, 7: 2806 - 2815.

[4] Duan X, Xu J, Wei Z, et al. Metal - free carbon materials for CO_2 electrochemical reduction

[J]. Advanced Materials, 2017, 29: 1701784.

[5] Duan X, Sun H, Wang S. Metal – free carbocatalysis in advanced oxidation reactions [J]. Accounts of Chemical Research, 2018, 51: 678 – 687.

[6] Rangraz Y, Heravi M M, Elhampour A. Recent advances on heteroatom – doped porous carbon/metal materials: fascinating heterogeneous catalysts for organic transformations [J]. Chemical Record, 2021, 21: 1985 – 2073.

[7] Benzigar M R, Talapaneni S N, Joseph S, et al. Recent advances in functionalized micro and mesoporous carbon materials: synthesis and applications [J]. Chemical Society Reviews, 2018, 47: 2680 – 2721.

[8] Wood K N, O'Hayre R, Pylypenko S. Recent progress on nitrogen/carbon structures designed for use in energy and sustainability applications [J]. Energy and Environmental Science, 2014, 7: 1212 – 1249.

[9] Cao Y, Mao S, Li M, et al. Metal/porous carbon composites for heterogeneous catalysis: old catalysts with improved performance promoted by N – doping [J]. ACS Catalysis, 2017, 7: 8090 – 8112.

[10] Schiros T, Nordlund D, Palova L, et al. Connecting dopant bond type with electronic structure in N – doped graphene [J]. Nano Letters, 2012, 12: 4025 – 4031.

[11] Li D, Chen X, Ma J, et al. Nitrogen – doped hierarchical porous hollow carbon microspheres for electrochemical energy conversion [J]. Russian Journal of Electrochemistry, 2019, 55: 1098 – 1109.

[12] Quilez – Bermejo J, Morallon E, Cazorla – Amoros D. Metal – free heteroatom – doped carbon – based catalysts for ORR: a critical assessment about the role of heteroatoms [J]. Carbon, 2020, 165: 434 – 454.

[13] Huang Z, Liao Z, Yang W, et al. Different types of nitrogen species in nitrogen – doped carbon material: the formation mechanism and catalytic role on oxygen reduction reaction [J]. Electrochimica Acta, 2017, 245: 957 – 966.

[14] Gong K, Du F, Xia Z, et al. Nitrogen – doped carbon nanotube arrays with high electrocatalytic activity for oxygen reduction [J]. Science, 2009, 323: 760.

[15] Gao Y, Hu G, Zhong J, et al. Nitrogen – doped sp^2 – hybridized carbon as a superior catalyst for selective oxidation [J]. Angewandte Chemie International Edition, 2013, 52: 2109 – 2113.

[16] Liu W, Cao T, Dai X, et al. Nitrogen – doped graphene monolith catalysts for oxidative dehydrogenation of propane [J]. Frontiers in Chemistry, 2021, 9: 759936.

[17] Rey - Raap N, Granja M A C, Pereira M F R, et al. Phosphorus - doped carbon/carbon nanotube hybrids as high - performance electrodes for supercapacitors[J]. Electrochimica Acta, 2020, 354: 136713.

[18]苏党生. 纳米碳催化[M]. 北京: 科学出版社, 2014.

[19] Gao R, Pan L, Lu J, et al. Phosphorus - doped and lattice - defective carbon as metal - like catalyst for the selective hydrogenation of nitroarenes [J]. ChemCatChem, 2017, 9: 4287 - 4294.

[20] Chen X, Shen Q, Li Z, et al. Metal - free H_2 activation for highly selective hydrogenation of nitroaromatics using phosphorus - doped carbon nanotubes [J]. ACS Applied Materials and Interfaces, 2020, 12: 654 - 666.

[21] Paraknowitsch J P, Thomas A. Doping carbons beyond nitrogen: an overview of advanced heteroatom doped carbons with boron, sulphur and phosphorus for energy applications[J]. Energy and Environmental Science, 2013, 6: 2839 - 2855.

[22] Yeh M - H, Leu Y - A, Chiang W - H, et al. Boron - doped carbon nanotubes as metal - free electrocatalyst for dye - sensitized solar cells: heteroatom doping level effect on tri - iodide reduction reaction[J]. Journal of Power Sources, 2018, 375: 29 - 36.

[23] Yang L, Jiang S, Zhao Y, et al. Boron - doped carbon nanotubes as metal - free electrocatalysts for the oxygen reduction reaction[J]. Angewandte Chemie International Edition, 2011, 50: 7132 - 7135.

[24] Sreekanth N, Nazrulla M A, Vineesh T V, et al. Metal - free boron - doped graphene for selective electroreduction of carbon dioxide to formic acid/formate[J]. Chemical Communications, 2015, 51: 16061 - 16064.

[25] Chang Y, Chen J, Jia J, et al. The fluorine - doped and defects engineered carbon nanosheets as advanced electrocatalysts for oxygen electroreduction[J]. Applied Catalysis B: Environmental, 2021, 284: 119721.

[26] Yuan D, Wei Z, Han P, et al. Electron distribution tuning of fluorine - doped carbon for ammonia electrosynthesis[J]. Journal of Materials Chemistry A, 2019, 7: 16979 - 16983.

[27] Wang J, Chen S, Quan X, et al. Fluorine - doped carbon nanotubes as an efficient metal - free catalyst for destruction of organic pollutants in catalytic ozonation[J]. Chemosphere, 2018, 190: 135 - 143.

[28] Liu Y, Li Q, Guo X, et al. A highly efficient metal - free electrocatalyst of F - doped porous carbon toward N_2 electroreduction[J]. Advanced Materials, 2020, 32: 1907690.

[29] Lu Z, Chen G, Siahrostami S, et al. High – efficiency oxygen reduction to hydrogen peroxide catalysed by oxidized carbon materials[J]. Nature Catalysis, 2018, 1: 156 – 162.

[30] Sun Z H, Zhang X, Yang X D, et al. Identification of a pyrone – type species as the active site for the oxygen reduction reaction[J]. Chemical Communications, 2022, 58: 8998 – 9001.

[31] Han G F, Li F, Zou W, et al. Building and identifying highly active oxygenated groups in carbon materials for oxygen reduction to H_2O_2[J]. Nature Communications, 2020, 11: 2209.

[32] Zhang J, Wang X, Su Q, et al. Metal – free phenanthrenequinone cyclotrimer as an effective heterogeneous catalyst[J]. Journal of the American Chemical Society, 2009, 131: 11296 – 11297.

[33] Wen G, Wang B, Wang C, et al. Hydrothermal carbon enriched with oxygenated groups from biomass glucose as an efficient carbocatalyst[J]. Angewandte Chemie International Edition, 2017, 56: 600 – 604.

[34] Ma G, Ning G, Wei Q. S – doped carbon materials: synthesis, properties and applications[J]. Carbon, 2022, 195: 328 – 340.

[35] Guo Y, Zeng Z, Zhu Y, et al. Catalytic oxidation of aqueous organic contaminants by persulfate activated with sulfur – doped hierarchically porous carbon derived from thiophene[J]. Applied Catalysis B: Environmental, 2018, 220: 635 – 644.

[36] Yang Z, Yao Z, Li G, et al. Sulfur – doped graphene as an efficient metal – free cathode catalyst for oxygen reduction[J]. ACS Nano, 2012, 6: 205 – 211.

[37] Guo Y, Zeng Z, Liu Y, et al. One – pot synthesis of sulfur doped activated carbon as a superior metal – free catalyst for the adsorption and catalytic oxidation of aqueous organics[J]. Journal of Materials Chemistry A, 2018, 6: 4055 – 4067.

[38] Bandosz T J, Policicchio A, Florent M, et al. Solar light – driven photocatalytic degradation of phenol on S – doped nanoporous carbons: the role of functional groups in governing activity and selectivity[J]. Carbon, 2020, 156: 10 – 23.

[39] Wu J, Zheng X, Jin C, et al. Ternary doping of phosphorus, nitrogen, and sulfur into porous carbon for enhancing electrocatalytic oxygen reduction[J]. Carbon, 2015, 92: 327 – 338.

[40] Li R, Wei Z, Gou X. Nitrogen and phosphorus dual – doped graphene/carbon nanosheets as bifunctional electrocatalysts for oxygen reduction and evolution[J]. ACS Catalysis, 2015, 5: 4133 – 4142.

[41] Duan X, O'Donnell K, Sun H, et al. Sulfur and nitrogen co – doped graphene for metal – free catalytic oxidation reactions[J]. Small, 2015, 11: 3036 – 3044.

[42] Zheng Y, Song H, Chen S, et al. Metal – free multi – heteroatom – doped carbon bifunctional

electrocatalysts derived from a covalent triazine polymer[J]. Small, 2020, 16: 2004342.

[43] Pan F, Li B, Deng W, et al. Promoting electrocatalytic CO_2 reduction on nitrogen - doped carbon with sulfur addition[J]. Applied Catalysis B: Environmental, 2019, 252: 240 - 249.

[44] Wang G, Liu M, Jia J, et al. Nitrogen and sulfur co - doped carbon nanosheets for electrochemical reduction of CO_2[J]. ChemCatChem, 2020, 12: 2203 - 2208.

[45] Zhang Y, Zhang H, Zhao Y, et al. B/N co - doped carbon derived from the sustainable chitin for C - H bond oxidation[J]. Applied Surface Science, 2018, 457: 439 - 448.

[46] Meng J, Tong Z, Sun H, et al. Metal - free boron/phosphorus co - doped nanoporous carbon for highly efficient benzyl alcohol oxidation[J]. Advanced Science, 2022, 9: 2200518.

[47] Liang H W, Zhuang X, Bruller S, et al. Hierarchically porous carbons with optimized nitrogen doping as highly active electrocatalysts for oxygen reduction[J]. Nature Communications, 2014, 5: 4973.

[48] Ma T Y, Ran J, Dai S, et al. Phosphorus - doped graphitic carbon nitrides grown in situ on carbon - fiber paper: flexible and reversible oxygen electrodes [J]. Angewandte Chemie International Edition, 2014, 54: 4646 - 4650.

[49] Wang G, Sun Y, Li D, et al. Controlled synthesis of N - doped carbon nanospheres with tailored mesopores through self - assembly of colloidal silica [J]. Angewandte Chemie International Edition, 2015, 54: 15191 - 15196.

[50] Zhang J, Qu L, Shi G, et al. N, P - codoped carbon networks as efficient metal - free bifunctional catalysts for oxygen reduction and hydrogen evolution reactions [J]. Angewandte Chemie International Edition, 2016, 55: 2230 - 2234.

[51] Zheng Y, Jiao Y, Jaroniec M, et al. Nanostructured metal - free electrochemical catalysts for highly efficient oxygen reduction[J]. Small, 2012, 8: 3550 - 3566.

[52] Bai S, Xiong Y. Recent advances in two - dimensional nanostructures for catalysis applications [J]. Science of Advanced Materials, 2015, 7: 2168 - 2181.

[53] Yang Y, Wang R, Yang L, et al. Two dimensional electrocatalyst engineering via heteroatom doping for electrocatalytic nitrogen reduction [J]. Chemical Communications, 2020, 56: 14154 - 14162.

[54] Su D S, Wen G, Wu S, et al. Carbocatalysis in liquid - phase reactions [J]. Angewandte Chemie International Edition, 2017, 56: 936 - 964.

[55] Gao D, Xu Q, Zhang J, et al. Defect - related ferromagnetism in ultrathin metal - free g - C_3N_4 nanosheets[J]. Nanoscale, 2014, 6: 2577 - 2581.

[56] Tian W, Zhang H, Sun H, et al. Heteroatom (N or N – S) – doping induced layered and honeycomb microstructures of porous carbons for CO_2 capture and energy applications [J]. Advanced Functional Materials, 2016, 26: 8651 – 8661.

[57] Nayak S, Mohapatra L, Parida K. Visible light – driven novel g – C_3N_4/NiFe – LDH composite photocatalyst with enhanced photocatalytic activity towards water oxidation and reduction reaction [J]. Journal of Materials Chemistry A, 2015, 3: 18622 – 18635.

[58] Yang W, Yang W, Song A L, et al. 3D interconnected porous carbon nanosheets/carbon nanotubes as a polysulfide reservoir for high performance lithium – sulfur batteries[J]. Nanoscale, 2018, 10: 816 – 824.

[59] Xia W, Tang J, Li J, et al. Defect – rich graphene nanomesh produced by thermal exfoliation of metal – organic frameworks for the oxygen reduction reaction [J]. Angewandte Chemie International Edition, 2019, 58: 13488 – 13493.

[60] Yang K, Zhong L, Qin J, et al. In situ laminated separator using nitrogen – sulfur codoped two – dimensional carbon material to anchor polysulfides for high – performance Li – S batteries [J]. ACS Applied Nano Materials, 2018, 1: 3807 – 3816.

[61] Yang S, Peng L, Huang P, et al. Nitrogen, phosphorus, and sulfur co – doped hollow carbon shell as superior metal – free catalyst for selective oxidation of aromatic alkanes[J]. Angewandte Chemie International Edition, 2016, 55: 4016 – 4020.

[62] Chen Y Z, Wang C, Wu Z Y, et al. From bimetallic metal – organic framework to porous carbon: high surface area and multicomponent active dopants for excellent electrocatalysis[J]. Advanced Materials, 2015, 27: 5010 – 5016.

[63] Wang J, Xu Z, Gong Y, et al. One – step production of sulfur and nitrogen co – doped graphitic carbon for oxygen reduction: activation effect of oxidized sulfur and nitrogen[J]. ChemCatChem, 2014, 6: 1204 – 1209.

[64] Song G, Wang F, Li X. C – C, C – O and C – N bond formation via rhodium(iii) – catalyzed oxidative C – H activation[J]. Chemical Society Reviews, 2012, 41: 3651 – 3678.

[65] Noisier A F, Brimble M A. C – H functionalization in the synthesis of amino acids and peptides [J]. Chemical Reviews, 2014, 114: 8775 – 8806.

[66] Liu C, Yuan J, Gao M, et al. Oxidative coupling between two hydrocarbons: an update of recent C – H functionalizations[J]. Chemical Reviews, 2015, 115: 12138 – 12204.

[67] Wang X, Leow D, Yu J Q. Pd(Ⅱ) – catalyzed para – selective C – H arylation of monosubstituted arenes[J]. Journal of the American Chemical Society, 2011, 133: 13864 – 13867.

[68] Wang Y, Li H, Yao J, et al. Synthesis of boron doped polymeric carbon nitride solids and their use as metal – free catalysts for aliphatic C – H bond oxidation[J]. Chemical Science, 2011, 2: 446 – 450.

[69] Gao Y, Tang P, Zhou H, et al. Graphene oxide catalyzed C – H bond activation: The importance of oxygen functional groups for biaryl construction [J]. Angewandte Chemie International Edition, 2016, 55: 3124 – 3128.

[70] Zhang C, Mahmood N, Yin H, et al. Synthesis of phosphorus – doped graphene and its multifunctional applications for oxygen reduction reaction and lithium ion batteries[J]. Advanced Materials, 2013, 25: 4932 – 4937.

[71] Liu Z W, Peng F, Wang H J, et al. Phosphorus – doped graphite layers with high electrocatalytic activity for the O_2 reduction in an alkaline medium [J]. Angewandte Chemie International Edition, 2011, 50: 3257 – 3261.

[72] Razmjooei F, Singh K P, Song M Y, et al. Enhanced electrocatalytic activity due to additional phosphorous doping in nitrogen and sulfur – doped graphene: a comprehensive study[J]. Carbon, 2014, 78: 257 – 267.

[73] Gao S, Wei X, Liu H, et al. Transformation of worst weed into N – , S – , and P – tridoped carbon nanorings as metal – free electrocatalysts for the oxygen reduction reaction[J]. Journal of Materials Chemistry A, 2015, 3: 23376 – 23384.

[74] Zhang S S. Heteroatom – doped carbons: synthesis, chemistry and application in lithium/sulphur batteries[J]. Inorganic Chemistry Frontiers, 2015, 2: 1059 – 1069.

[75] 周宇，王宇新．杂原子掺杂碳基氧还原反应电催化剂研究进展[J]．化工学报，2017，68：519 – 534.

[76] Yin H, Xia H, Zhao S, et al. Atomic level dispersed metal – nitrogen – carbon catalyst toward oxygen reduction reaction: synthesis strategies and chemical environmental regulation[J]. Energy and Environmental Materials, 2020, 4: 5 – 18.

[77] Luo X, Li Z, Luo M, et al. Boosting the primary Zn – air battery oxygen reduction performance with mesopore – dominated semi – tubular doped – carbon nanostructures[J]. Journal of Materials Chemistry A, 2020, 8: 9832 – 9842.

[78] Zhang J, Dai L. Heteroatom – doped graphitic carbon catalysts for efficient electrocatalysis of oxygen reduction reaction[J]. ACS Catalysis, 2015, 5: 7244 – 7253.

[79] Zhou R, Zheng Y, Jaroniec M, et al. Determination of the electron transfer number for the oxygen reduction reaction: from theory to experiment[J]. ACS Catalysis, 2016, 6: 4720 – 4728.

[80] Jiao Y, Zheng Y, Jaroniec M, et al. Origin of the electrocatalytic oxygen reduction activity of graphene - based catalysts: a roadmap to achieve the best performance [J]. Journal of the American Chemical Society, 2014, 136: 4394 - 4403.

[81] Wei X, Zheng D, Zhao M, et al. Cross - linked polyphosphazene hollow nanosphere - derived N/P - doped porous carbon with single nonprecious metal atoms for the oxygen reduction reaction [J]. Angewandte Chemie International Edition, 2020, 59: 14639 - 14646.

[82] Shang H, Zhou X, Dong J, et al. Engineering unsymmetrically coordinated Cu - S_1N_3 single atom sites with enhanced oxygen reduction activity [J]. Nature Communications, 2020, 11: 3049.

[83] Lv Q, Wang N, Si W, et al. Pyridinic nitrogen exclusively doped carbon materials as efficient oxygen reduction electrocatalysts for Zn - air batteries [J]. Applied Catalysis B: Environmental, 2020, 261: 118234.

[84] Zhang W, Zhao X, Zhao Y, et al. Mo - doped Zn, Co zeolitic imidazolate framework - derived Co_9S_8 quantum dots and MoS_2 embedded in three - dimensional nitrogen - doped carbon nanoflake arrays as an efficient trifunctional electrocatalysts for the oxygen reduction reaction, oxygen evolution reaction, and hydrogen evolution reaction [J]. ACS Applied Materials and Interfaces, 2020, 12: 10280 - 10290.

5　PZS基核壳结构衍生的碳包覆磷化铁

5.1　过渡金属磷化物

过渡金属磷化物的发现可以追溯至18世纪，但是受当时的科技水平所限，并没有用武之地。直到20世纪60年代，随着世界科学技术的发展，过渡金属磷化物的开发及利用才逐步开始，目前已被广泛地应用在锂离子电池、染料敏化太阳能电池、超级电容器、电催化、光催化、热催化等领域。

5.1.1　过渡金属磷化物的合成

过渡金属磷化物由过渡金属原子和磷原子组成，可分为单金属磷化物、双金属磷化物和掺杂型金属磷化物。过渡金属作为其中重要的组成部分，前驱体可以是金属单质、金属离子、金属氧化物、金属氢氧化物、金属硫化物，还可以是金属-有机框架等具有特定形貌的金属化合物。磷原子主要来自两种磷源(图5-1)，分别是：①无机磷源，如白磷、红磷、磷酸二氢钠、磷酸二氢铵、磷化氢等；②有机磷源，如三苯基膦、三辛基膦、四丁基氯化膦、三(二甲氨基)膦、苯基膦酸等。

通常，利用金属前驱体和磷源合成过渡金属磷化物的方法可分为两类。第一类是溶液相合成法，选取三苯基膦、三辛基膦、三正辛基氧膦等有机磷源，将其与过渡金属前驱体的混合溶液密闭加热至较高的温度(300℃以上)，有机磷源中的P—C键断裂，进而将过渡金属磷化，生成过渡金属磷化物。然而，多数有机磷源在水中不溶，并且这么高的分解温度决定了这个体系只能在高沸点的有机溶剂中进行。这会对反应装置造成很大的腐蚀，并且整个反应过程需要在无氧条件下进行，否则会存在易燃易爆的危险。第二类是气相合成法，选取磷酸二氢钠、磷酸二氢铵等无机磷源，将其与过渡金属前驱体混合，在惰性气氛下加热到一定温度。在这个过程中，磷酸盐受热分解释放出 PH_3，从而与过渡金属前驱体发生化学反应，生成过渡金属磷化物。该方法中，过渡金属前驱体和磷源的比例、加热温度是两个重要的控制因素，影响磷化物的形貌、尺寸和晶型。

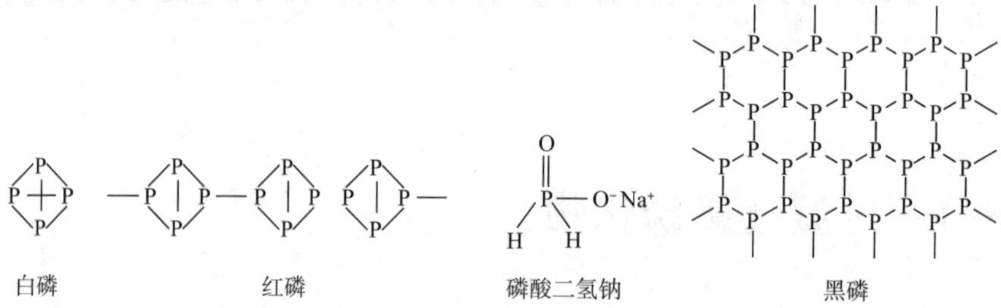

白磷　红磷　磷酸二氢钠　黑磷

(a)无机磷源

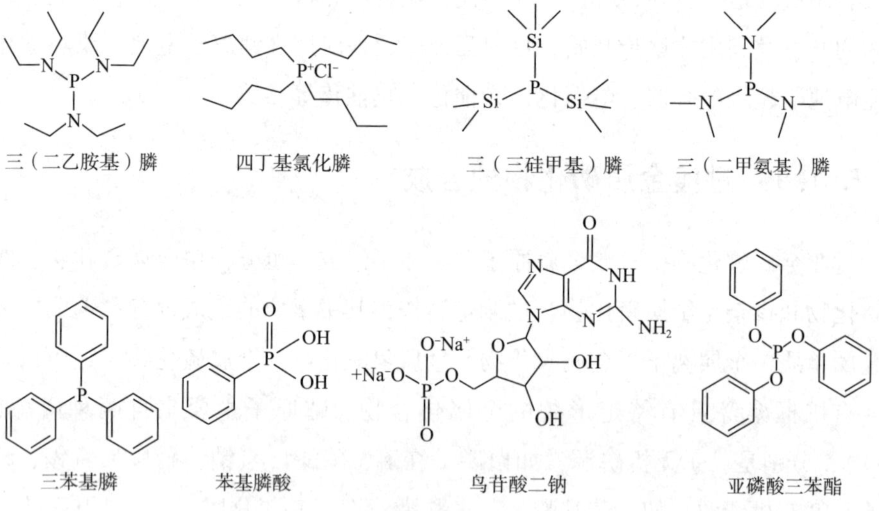

三（二乙胺基）膦　四丁基氯化膦　三（三硅甲基）膦　三（二甲氨基）膦

三苯基膦　苯基膦酸　鸟苷酸二钠　亚磷酸三苯酯

(b)有机磷源

图 5－1　常见的磷源

5.1.2　过渡金属磷化物催化剂

过渡金属磷化物，特别是 Fe、Co、Ni、Mo、W、Cu 基过渡金属磷化物在催化领域应用广泛，其中大部分是电催化，如 HER、OER、N_2 还原、CO_2 还原等。Zhang 等以三辛基膦为磷源，以 $Fe_{18}S_{25}$－TETAH 纳米片为前驱体，通过离子交换的方法制备了多孔的 FeP 纳米片。FeP 作为活性中心，表现出优异的 HER 性能。

Wang 等使用 $FeFe_2(PO_4)_2(OH)_2$ 纳米片为模板，在其表面包覆碳层，通过氢气煅烧处理，制备了碳纳米片包覆的 Fe_2P，同样在 HER 反应上表现出优异的性能。Zhu 等合成了锚定在氮、磷掺杂的石墨化碳纳米片上的 CoP 纳米颗粒，其作为双功能催化剂在 HER、OER 上均表现出优异的性能。Zhao 等在合成 Ni - MOF - 74 的过程中加入氧化石墨烯，得到 Ni - MOF - 74 与氧化石墨烯的复合物，以 NaH_2PO_2 为磷源，对上述复合物进行磷化，得到尺寸约为 2.6nm 并均匀分散在石墨烯上的 Ni_2P 纳米催化剂，同样可以作为双功能催化剂在 HER、OER 上表现出优异的性能。

除了电催化领域的应用，过渡金属磷化物在热催化领域也开始得到广泛的关注，已被报道可用于选择性加氢、加氢脱氧、加氢脱硫、脱氢偶联、氢甲酰化等反应。如 Cheng 等通过在氩气下低温磷化四氧化三钴制备了 Co_2P 纳米线，XPS 表征显示 Co_2P 中 Co 带部分正电荷，P 带部分负电荷，二者共同作用加速 $NaBH_4$ 的水解，从而促进对硝基苯酚的还原。Queen 等以 ZIF - 67 为 Co 源和结构模板、以红磷为磷源，制备了 Co_2P 均匀分散在其中的纳米立方体。Co_2P 充当活性中心，在硝基苯加氢反应上表现出优异的性能。Song 等通过热解醋酸镍、植酸和生物质炭的混合物制备了氮、磷掺杂碳负载的 Ni_2P，可以在空气作为氧化剂的条件下催化醇类和二胺类化合物发生氧化脱氢偶联生成喹唑啉、喹唑啉酮、咪唑类 N 杂环化合物。

5.2 PZS 基核壳结构衍生制备碳包覆的磷化铁

过渡金属磷化物在催化领域应用前景巨大，但是在苛刻的反应条件下(如强酸、强碱、高过电势、高温)不稳定。构筑核壳结构将金属物种限域在石墨烯、氮化硼、二硫化钼、g - C_3N_4 等壳层内是一种常用的提高金属材料稳定性的方法。Sung 等通过磷化聚多巴胺包覆的四氧化三铁制备了碳包覆的 FeP 纳米催化剂。碳壳对 FeP 具有物理和化学双重保护作用，既可以防止磷化的过程中 FeP 聚集，又可以防止 FeP 在催化体系中发生表面氧化，应用于 HER 反应时，在酸性条件下其使用寿命长达 10000 圈。这种聚合物包覆的方法可以构筑保护性碳壳，但是还需要添加外部磷源才能构筑过渡金属磷化物活性中心。前文提到 PZS 可以普适性地包覆在金属氧化物、金属氢氧化物、金属－有机框架化合物等多种金属化合物的表面，因此可以作为碳源在金属化合物表面热解形成碳层。同时，PZS 又含有磷原子，使热解过程中磷原子与金属化合物反应生成金属磷化物成为可能。

5.2.1 实验材料

实验所用试剂如表 5－1 所示。

表 5－1 实验所用试剂

中/英文名称	化学式	纯度	采购公司
F－127	—	—	Sigma－Aldrich
醋酸(Acetic Acid)	CH_3COOH	分析纯	北京化工厂
无水甲醇(Absolute Methanol)	CH_3OH	分析纯	国药集团
六水合氯化铁(Ferric chloride Hexahydrate)	$FeCl_3 \cdot 6H_2O$	分析纯	国药集团
2－氨基对苯二酸(2－Amino－terephthalic Acid)	$C_8H_7NO_4$	99%	Alfa－Aesar
三乙胺(Triethylamine)	$C_6H_{15}N$	99%	百灵威
双酚 S(4，4'－Sulfonyldiphenol)	$C_{12}H_{10}O_4S$	99%	Alfa－Aesar
六氯三聚磷腈(Phosphonitrilic Chloride Trimer)	$Cl_6N_3P_3$	98%	Alfa－Aesar

5.2.2 制备过程

如图 5－2 所示，采用 PZS 包覆技术制备碳壳包覆的磷化铁纳米催化剂需要经过三步：①利用水热法合成梭形的铁基金属有机框架 MIL－88B－NH_2 [$Fe_3O(H_2N-BDC)_3$，H_2N－BDC 代表 2－氨基对苯二酸]；②PZS 包覆在 MIL－88B－NH_2 的表面，形成 MIL－88B－NH_2 为内核、PZS 为外壳的前驱体 MIL－88B－NH_2@PZS；③在惰性气氛下热解前驱体 MIL－88B－NH_2@PZS，获得碳壳包覆的磷化铁。

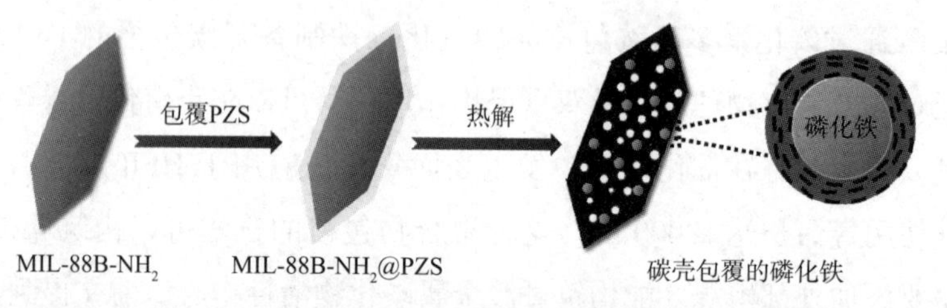

图 5－2 碳壳包覆的磷化铁纳米催化剂的制备示意图

具体过程如下。

(1)梭形 MIL－88B－NH_2 的制备。

①将 0.64g 表面活性剂 F－127 加入 54mL 去离子水中，完全溶解后，滴加 6.6mL $FeCl_3 \cdot 6H_2O$ 溶液(0.4M)，搅拌 1.5h；②加入 1.2mL 冰醋酸，搅拌 1.5h 后，加入 240mg 的 2－氨基对苯二酸，继续搅拌 2h；③将该溶液转移到 100mL 水热釜中，于 110℃烘箱中水热 24h；④反应结束后，冷却至室温，离心并用乙醇将产物至少洗涤 5 次，以除去表面活性剂及过量的反应物；⑤所得棕红色固体在 60℃条件下干燥 12h。

(2)前驱体 MIL－88B－NH_2@PZS 的制备。

①将 200mg MIL－88B－NH_2 完全分散在 150mL 甲醇中，缓慢滴加另一种含有 630mg 双酚 S 和 280mg 六氯三聚磷腈的甲醇溶液；②搅拌 5min 后，加入 740μL 三乙胺，在其作用下，六氯三聚磷腈和双酚 S 在 MIL－88B－NH_2 的表面发生原位聚合；③6h 后，离心收集所得产物并用甲醇洗涤 3 次；④真空干燥 12h。

(3)热解前驱体获得碳壳包覆的磷化铁。

将 MIL－88B－NH_2@PZS 置于管式炉中，通入氩气，以 2℃/min 的升温速率加热至 900℃热解 2h。热解结束后，收集所得黑色粉末，命名为 MIL－88B－NH_2@PZS－900。

5.3 碳包覆的磷化铁的表征

5.3.1 材料的形貌分析

使用透射电子显微镜研究制备过程中各步骤的实验结果。如图 5－3(a)所示，通过水热法合成的铁基金属有机框架 MIL－88B－NH_2 为梭形形貌，直径约为 150nm，长度约为 300nm。在它的表面包覆 PZS，所形成的 MIL－88B－NH_2@PZS 复合材料表面相对粗糙，包覆层的厚度为 10～25nm[图 5－3(b)]。图 5－3(c)是该前驱体在氩气的保护下热解 2h 所得产物 MIL－88B－NH_2@PZS－900 的透射电镜图。从图 5－3(c)中可以看到，MIL－88B－NH_2@PZS－900 维持了前驱体的梭形形貌，并且出现了明显的多孔结构。最重要的是，热解后 MIL－88B－NH_2@PZS－

900 生成了纳米颗粒，这些纳米颗粒被碳壳限域，尺寸为 8 ~ 20nm。

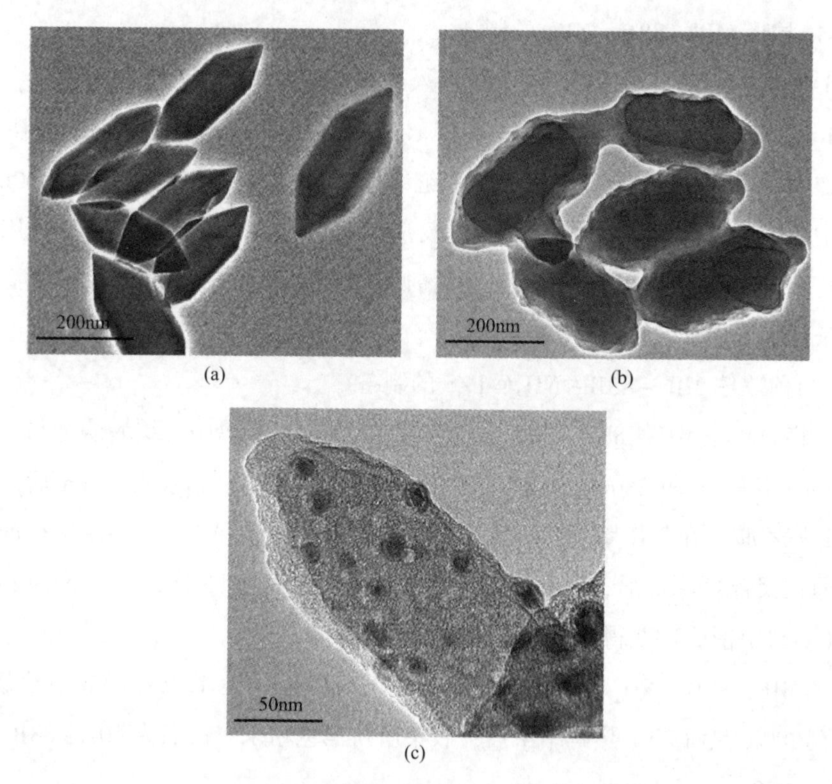

(a) (b) (c)

图 5－3　MIL－88B－NH_2 的透射电镜图(a)、MIL－88B－NH_2@PZS 的透射电镜图(b)和 MIL－88B－NH_2@PZS－900 的透射电镜图(c)

5.3.2　材料的元素分布

研究中采用与透射电镜联用的 X 射线能谱仪探究 MIL－88B－NH_2@PZS－900 的组成。图 5－4(a)是 MIL－88B－NH_2@PZS－900 的 EDS 面扫元素分布图。由图 5－4(a)可以看到，碳、氮、硫原子均匀地分布在整个材料上，而铁原子和磷原子则主要集中在纳米颗粒上。图 5－4(b)是电子束沿 MIL－88B－NH_2@PZS－900 表面选定直线轨迹所作的线扫描图。曲线的高低起伏反映对应元素在扫描线上的浓度变化。由图 5－4(b)可以看到，铁和磷的信号呈相同的变化趋势，并且均富集在纳米颗粒存在的位置，而碳原子、氮原子、硫的信号却与纳米颗粒相关性不大。这些结果均说明 MIL－88B－NH_2@PZS 热解生成的纳米颗粒主要由铁原子和磷原子组成，而氮原子和硫原子则是均匀分布在碳基质上。由此可以推测，在热解时，PZS 中的 N—P 键断裂以后会释放出 PH_3，继而与 MIL－88B－NH_2 中的铁原子发生化学反应生成磷化铁。

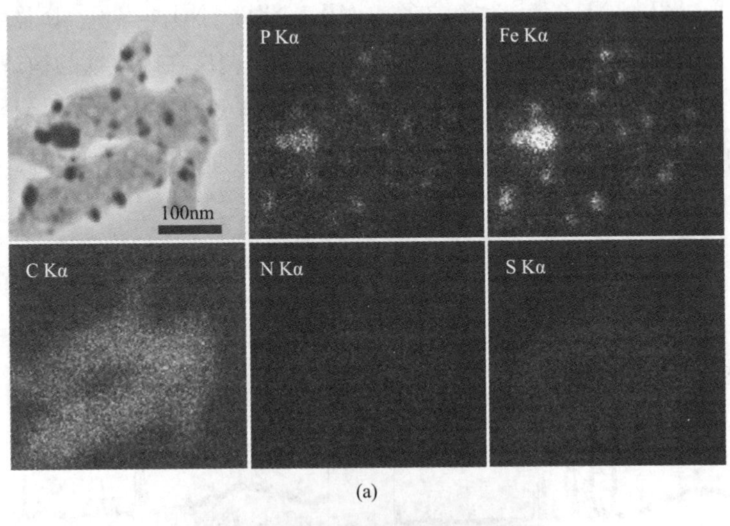

(a)

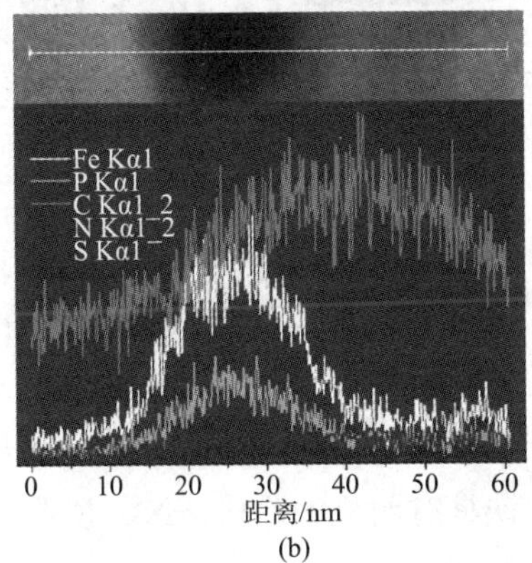

(b)

图 5－4　MIL－88B－NH_2@PZS－900 的面扫元素分布图(a)和给定区域下 MIL－88B－NH_2@PZS－900 的线扫元素分布图(b)

5.3.3　材料的结构分析

确定 MIL－88B－NH_2@PZS－900 中磷化铁的晶体结构，具体步骤如下。

(1)采用 X 射线衍射仪进行分析。

从图 5－5(a)中可以看到，MIL－88B－NH_2@PZS－900 的 X 射线衍射花样表现出 Fe_2P(PDF #85－1725)的典型特征峰，如(111)、(201)、(210)、(002)、

(300)等，说明热解时PZS中的磷原子的确会与内核材料MIL－88B－NH_2中的铁原子发生反应生成Fe_2P纳米颗粒。与此形成鲜明对比的是，在同样的条件下单独热解MIL－88B－NH_2时[产物命名为MIL－88B－NH_2－900，图5－5(b)]，仅能形成Fe_3C和Fe纳米颗粒，进一步说明PZS包覆层在磷化铁的构筑中发挥了重要的作用。此外，MIL－88B－NH_2@PZS－900的X射线衍射图在24°处有一个宽峰，这是碳的特征峰，对应石墨的(002)晶面，说明热解后碳基质具有一定的石墨化程度。

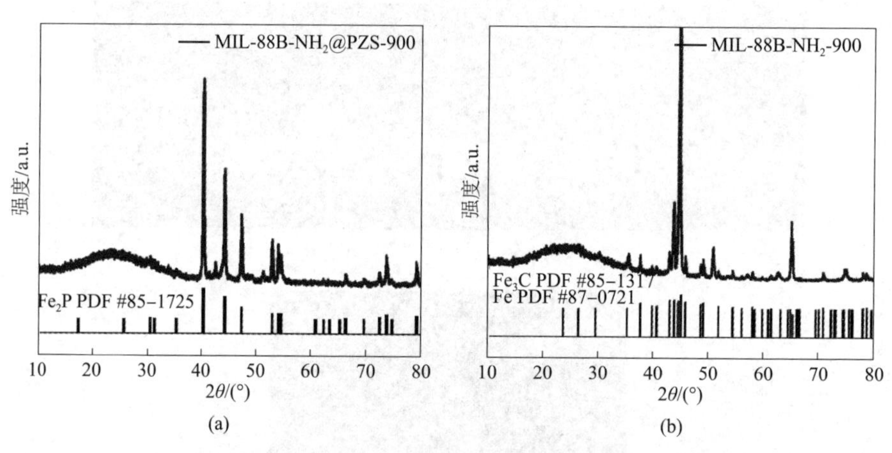

图5－5 MIL－88B－NH_2@PZS－900的X射线衍射图(a)和MIL－88B－NH_2－900的X射线衍射图(b)

(2)采用高分辨透射电镜进一步研究材料的晶体结构。

如图5－6所示，磷化铁具有明显的晶格条纹，说明结晶性较好，晶格间距为0.224nm，对应Fe_2P的(111)晶面。从图5－6中可以清楚地看到，磷化铁镶嵌在碳层内部，靠近边缘的碳层具有石墨化的特征，晶格间距为0.34nm，对应石墨的(002)晶面。以上这些结果与MIL－88B－NH_2@PZS－900的X射线衍射图吻合。

(3)采用拉曼光谱进一步研究碳层的石墨化程度。

从图5－7中可以看到，MIL－88B－NH_2@PZS－900的拉曼光谱图上出现明显的D峰和G峰。D峰位于1350cm^{-1}，G峰位于1583cm^{-1}，D峰和G峰的强度之比(I_D/I_G)较大，并伴随有比较宽的2D峰。因此，结合高分辨透射电镜的表征结果，可以得出如下结论：碳基质的内部是高度无序的，而边缘则含有石墨化的位点；这种石墨化的碳层可以更好地限域磷化铁，充当铠甲催化剂。

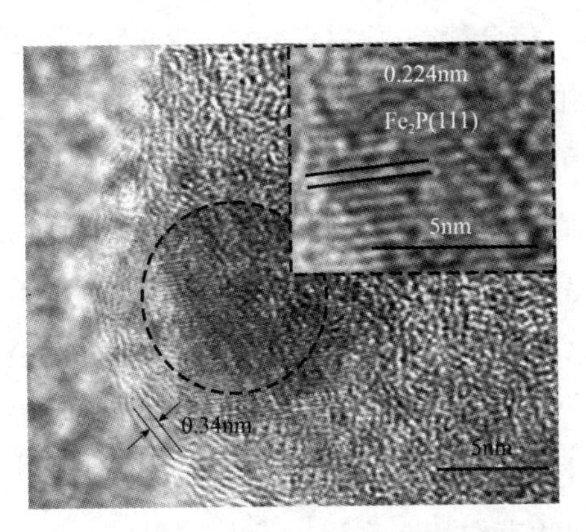

图5－6 MIL－88B－NH_2@PZS－900的高分辨透射电镜图

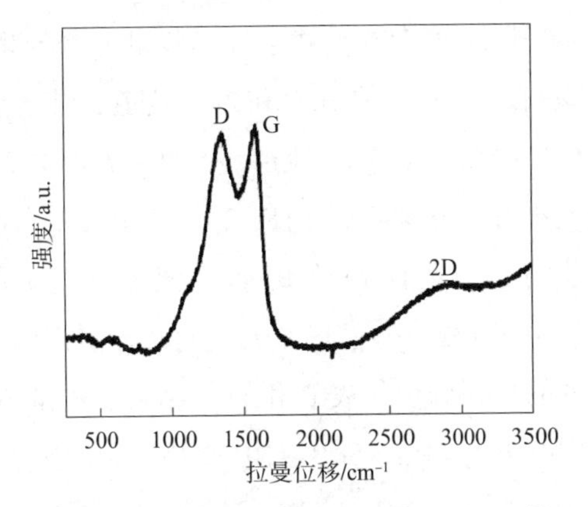

图5－7 MIL－88B－NH_2@PZS－900的拉曼光谱图

5.3.4 材料的比表面积和孔径分析

采用氮气吸脱附曲线研究MIL－88B－NH_2@PZS－900的比表面积和孔隙性质。如图5－8所示，氮气吸脱附曲线上有一个明显的回滞环，呈典型的type－IV型，表明有介孔存在。由脱附支得到的BJH孔径分布图表明介孔主要分布在2～5nm之间。利用BET计算方法得到的比表面积为515$m^2 \cdot g^{-1}$。在催化领域，这种具有较高的比表面积和介孔结构的纳米材料非常有优势，因为比表面积大、介孔多有利于反应物的传质过程。

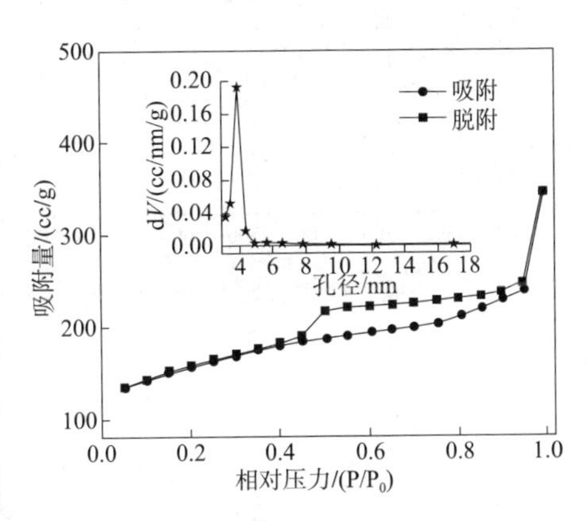

图5－8 MIL－88B－NH_2@PZS－900的氮气吸脱附曲线及孔径分布图

5.3.5 材料的X射线光电子能谱分析

采用X射线光电子能谱研究MIL－88B－NH_2@PZS－900所含Fe_2P中Fe和P的化学价态。图5－9(a)是MIL－88B－NH_2@PZS－900的XPS元素全谱，从图5－9(a)中可以看到Fe和P的信号，原子百分含量分别为1.18%和0.78%。图5－9(b)是高分辨Fe 2p谱。从图5－9(b)中可以看到，MIL－88B－NH_2@PZS－

900 中 Fe 的存在形式多样。经过分峰处理，结合能位于 711.3eV、724.2eV 处的峰归属于 Fe^{2+} 的 $2p^{3/2}$ 和 $2p^{1/2}$ 轨道，结合能位于 713.5eV、729.3eV 处的峰归属于 Fe^{3+} 的 $2p^{3/2}$ 和 $2p^{1/2}$ 轨道。此外，718.9eV 和 733eV 处各有一个峰。这两个峰都是卫星峰，分别归属于 Fe $2p^{3/2}$ 和 Fe $2p^{1/2}$ 轨道。因此，磷化铁纳米颗粒中既有 +2 价的 Fe，也有 +3 价的 Fe。图 5－9(c)是高分辨 P 2p 谱。经过分峰处理，结合能位于 132.7eV、133.9eV 的峰分别归属于 P—C 和 P—O，而 129.5eV、130.3eV 处的峰则分别代表 P 和 Fe^{3+} 结合、P 和 Fe^{2+} 结合。这正说明，前驱体热解时 PZS 中的 P 与 MIL－88B－NH_2 中的 Fe 发生了化学反应结合在一起，因此最终得到的 MIL－88B－NH_2@PZS－900 中 Fe 和 P 之间才存在相互作用。

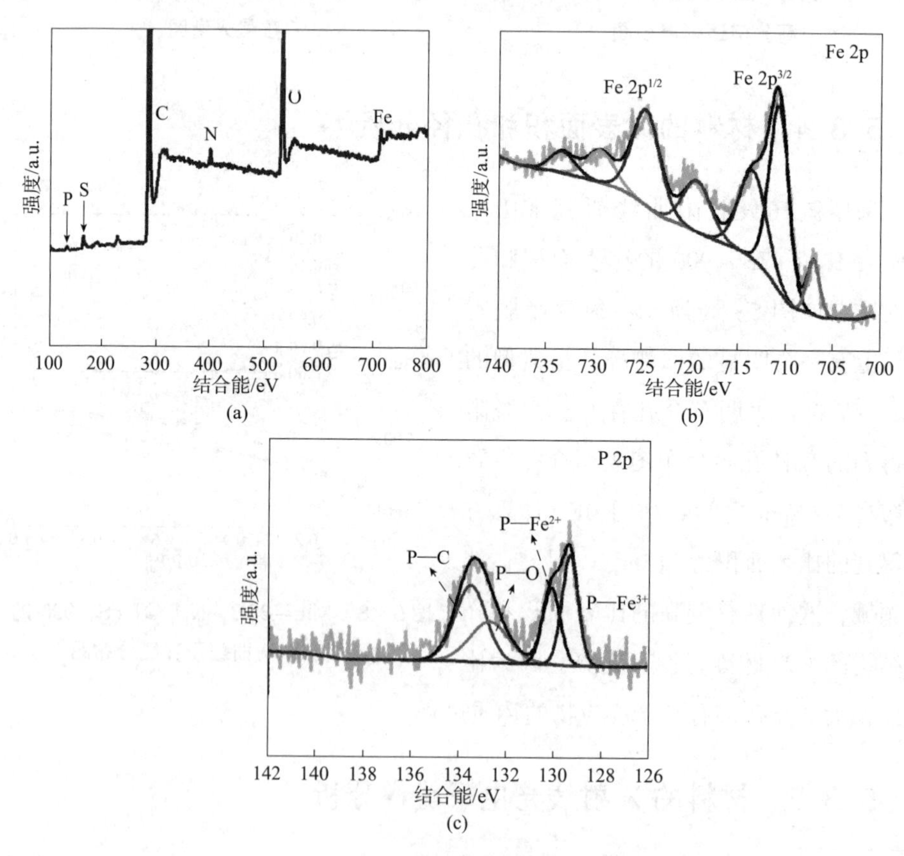

图 5－9 MIL－88B－NH_2@PZS－900 的 XPS 全谱(a)、Fe 2p 谱(b)和 P 2p 谱(c)

5.3.6 热解形成 Fe_2P 中的温度影响分析

保持其他的实验条件不变，将 MIL－88B－NH_2@PZS 分别在 600℃、700℃、

800℃、1000℃热解 2h，所得样品分别命名为 MIL－88B－NH_2@PZS－600、MIL－88B－NH_2@PZS－700、MIL－88B－NH_2@PZS－800、MIL－88B－NH_2@PZS－1000。其 X 射线衍射花样如图 5－10所示。当热解温度在700℃及以下时，前驱体热解结束后，所得产物的 XRD 图上只能观察到一个宽的碳峰；而当热解温度提高到 800℃时，热解产物的 XRD 图上开始出现 Fe_2P 的特征峰，峰形比较尖锐，说明结晶性好。此外，随着热解温度的进一步提高，Fe_2P 的特征峰变得越来越强。由此可见，该体系中 Fe_2P 的形成温度需在 800℃以上，并且随着温度的提高，Fe_2P 晶粒将逐渐长大。

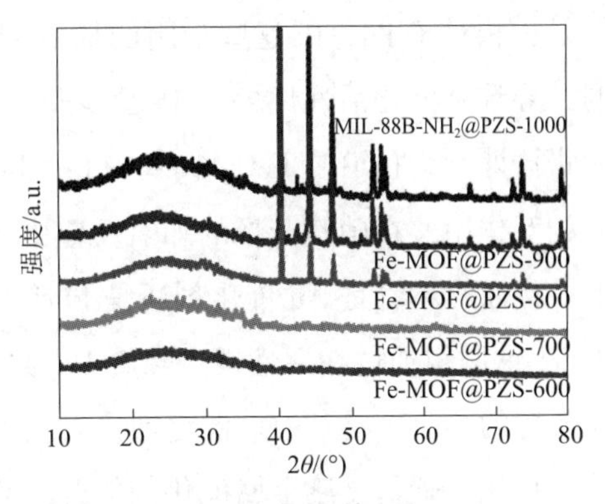

图 5－10 不同温度下 MIL－88B－NH_2@PZS 热解产物的 X 射线衍射图

5.4 碳包覆的磷化铁催化硝基芳烃选择性加氢

芳香胺是有机合成和化学工业上重要的原料及中间体，常常用于农药、医药、香料等化学品的生产。据统计，每年全世界生产的芳香胺及其衍生物高达 400 多万吨。芳香胺的制备通常是通过硝基芳烃的还原实现的。传统的非催化还原过程，包括以 Fe/HCl 为还原剂的 Bechamp 法和以 H_2S 或 NaHS 为还原剂的硫化物还原法，这两种方法均会对环境造成严重的污染。因此，近年来，研究者们一直致力于开发更加简单、高效、环保的方法制备芳香胺，包括催化胺化法、催化加氢法和电化学还原法等。在这些方法中，使用 H_2 作为还原剂的催化加氢法是最友好和最经济有效的制备方法，因此受到众多研究者的追捧。当芳香胺应用于生命科学领域时，常常要求芳香胺分子的结构具有多变性，即需要含有某些特征官能团。因此，当硝基芳烃中含有其他的取代基(—X、C═C、C≡C、C═O、C≡N……)时，只选择性地还原硝基至关重要(图 5－11)。

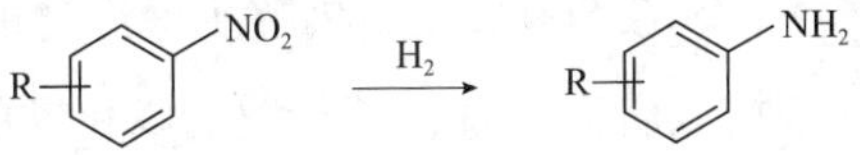

$$R\text{-}C_6H_4\text{-}NO_2 \xrightarrow{H_2} R\text{-}C_6H_4\text{-}NH_2$$

图 5－11 硝基芳烃选择性加氢转化为芳香胺

2006 年，Corma 等在硝基芳烃的选择性加氢方面实现了重大突破。将 Au 负载在 Fe_2O_3 或 TiO_2 上，可以使含有取代基的硝基芳烃高选择性地转化为芳香胺。但是，相对于 Pd、Pt 这些常用的加氢催化剂来说，Au 自身对 H_2 的活化能力较弱，导致其催化活性比 Pd、Pt 至少低一个数量级。2014 年，大连化学物理研究所张涛课题组报道了 FeO_X 负载的 Pt，Pt 以单原子的形式存在，与载体之间存在强相互作用，在硝基芳烃的加氢反应中 TOF 值高达 $1500h^{-1}$，选择性高达 98% 以上。然而，不管是 Au 催化剂还是 Pt 催化剂，都面临成本高昂的问题。2013 年，Beller 课题组通过在活性炭上热解 Fe 或 Co 的菲咯啉配合物，制备了氮掺杂的碳壳包覆的 Fe_2O_3 或 Co_3O_4 催化剂，对几十种硝基芳烃均表现出极好的活性和选择性。自此，碳基过渡金属催化剂的开发获得极大关注。本部分介绍将碳包覆的磷化铁应用于硝基芳烃的选择性加氢反应。

5.4.1 碳包覆的磷化铁催化硝基苯选择性加氢

以硝基苯的选择性加氢为探针反应，研究碳包覆的磷化铁的催化加氢性能。

5.4.1.1 催化性能测试方法

①取 0.5mmol 硝基苯、10mg 催化剂、6mL 的水和四氢呋喃的混合溶剂(体积比 1:1)加入不锈钢高压反应釜中；②密封以后，通入 5MPa H_2，在 120℃ 反应 12h；③反应结束后，冷却至室温，加入 51μL 的正十三烷作为内标；④向反应混合物中加入 10mL 的二氯甲烷萃取有机相；⑤所得有机相用气相色谱和气相 - 质谱联用仪进行分析测试。

5.4.1.2 催化性能对比

从表 5 - 2 中可以看到，没有催化剂时，硝基苯无法被氢气还原。PZS - 900 是 PZS 自身在 900℃ 的氩气下热解 2h 所得的催化剂。它对硝基苯的选择性加氢同样不具有催化活性。MIL - 88B - NH_2 在相同的条件下热解后，所得产物催化硝基苯加氢的选择性为 97%，但是转化率仅为 20%，说明热解产物中的 Fe_3C 和 Fe 活性不佳。对于碳包覆的磷化铁，由于 Fe_2P 物相需要在 800℃ 以上才能形成，后续对比 MIL - 88B - NH_2@PZS 在 800℃ 以上热解所得产物的催化性能，不考虑其在 600℃、700℃ 的热解产物。研究发现，碳包覆的磷化铁的催化性能随着热解温度的增加呈先提高后降低的趋势，900℃ 是最佳的催化剂制备温度。在 900℃ 热解

MIL－88B－NH_2@PZS构筑出碳包覆的磷化铁位点后，其对硝基苯的催化转化率高达99%以上，对目标产物苯胺的选择性也高于99%，可以与常规的纳米Fe_2O_3的催化性能相媲美，说明材料制备过程中PZS的包覆对MOF热解产物的催化性能起到了重要的调控作用，Fe_2P位点的存在对硝基苯的选择性加氢很关键。此外，以铁含量为基准，对比相同投加量的商业化的Fe_2P，它对硝基苯的催化转化率仅为36%，侧面验证了通过PZS原位构筑碳包覆的磷化铁的优势。

表5－2　不同催化剂对硝基苯选择性加氢反应的催化性能

序号	催化剂	时间/h	转化率/%	选择性/%
1	—	12	0	—
2	PZS－900	12	0	—
3	MIL－88B－NH_2－900	12	20	97
4	MIL－88B－NH_2@PZS－800	12	59	98
5	MIL－88B－NH_2@PZS－900	12	>99	>99
6	MIL－88B－NH_2@PZS－1000	12	86	98
7	商业化Fe_2P	12	36	97

5.4.1.3　催化结果分析

为了探究MIL－88B－NH_2@PZS－900的催化性能优于对比材料的原因，研究中对商业化Fe_2P、MIL－88B－NH_2@PZS－800和MIL－88B－NH_2@PZS－1000进行了透射电镜表征和比表面积测试。如图5－12(a)所示，商业化Fe_2P由尺寸为微米级的块体组成，电子束很难透过，说明块体很厚。经氮气吸脱附曲线[图5－12(b)]计算得到的BET比表面积仅为$1m^2\cdot g^{-1}$。以上结果说明商业化Fe_2P中活性位点暴露极少。对于MIL－88B－NH_2@PZS－800来说，虽然透射电镜图[图5－12(c)]显示前驱体MIL－88B－NH_2@PZS在800℃热解生成的Fe_2P纳米颗粒很小，但是比表面积也较小，仅为$153m^2\cdot g^{-1}$[图5－12(d)]，还不到MIL－88B－NH_2@PZS－900比表面积($515m^2\cdot g^{-1}$)的30%。这意味着MIL－88B－NH_2@PZS－800中同样有很多活性位点无法暴露出来。MIL－88B－NH_2@PZS在1000℃热解后，虽然比表面积提高到$856m^2\cdot g^{-1}$[图5－12(f)]，但是过高的热解温度导致Fe_2P纳米颗粒长大，开始出现严重聚集[图5－12(e)]，从而活性不如MIL－88B－NH_2@PZS－900。以上结果均说明，碳包覆的磷化铁的比表面积和纳米颗粒的尺寸之间存在着制约平衡关系，共同影响催化剂的活性。

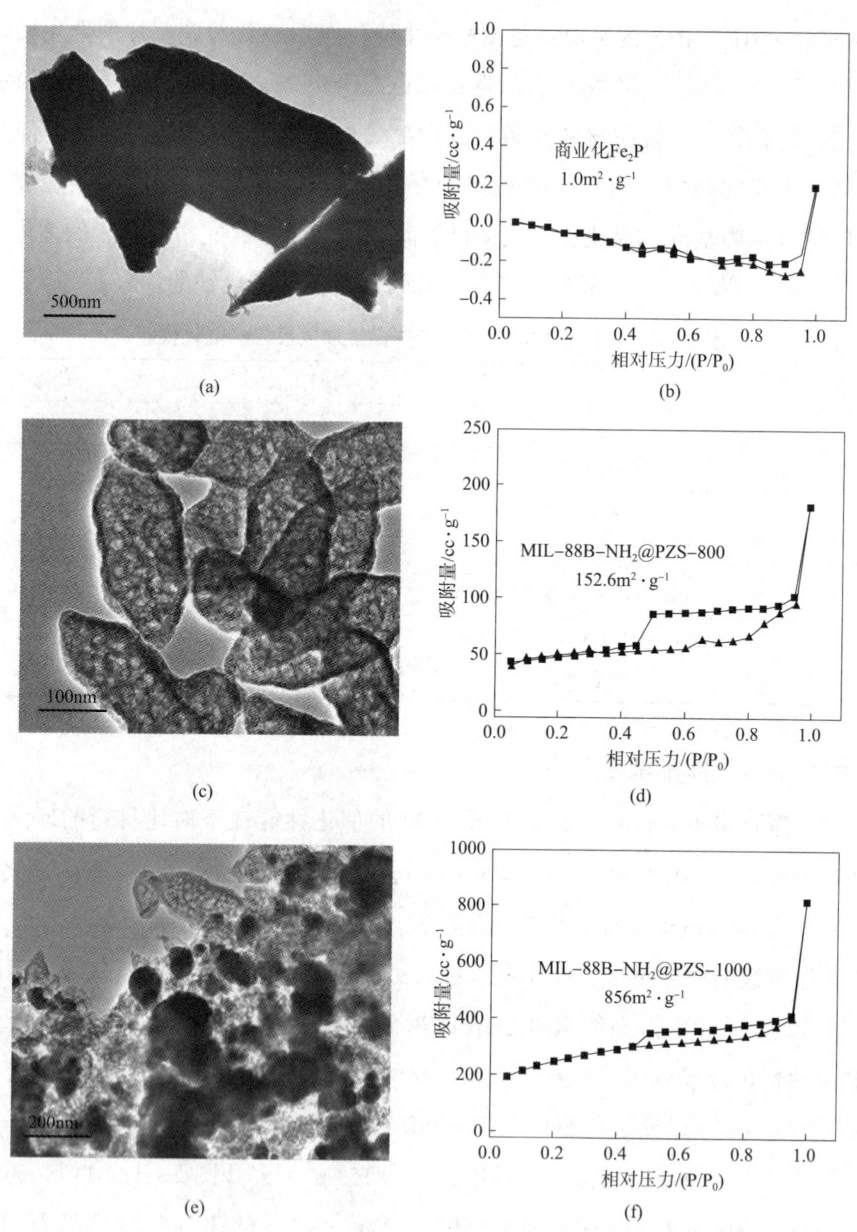

图 5－12　商业化 Fe_2P 的透射电镜图(a)和氮气吸脱附曲线(b)、MIL－88B－NH_2@PZS－800 的透射电镜图(c)和氮气吸脱附曲线(d)、MIL－88B－NH_2@PZS－1000 的透射电镜图(e)和氮气吸脱附曲线(f)

5. 4. 1. 4　活性物种的确定

为了确定碳包覆的磷化铁中的活性物种，采用具有强腐蚀性的王水对 MIL－

88B－NH_2@PZS－900进行处理。刻蚀48h后，离心并充分洗涤余下的固体，使溶液pH值为7，真空干燥后，对所得样品进行XRD表征。从图5－13(a)中可以看到，刻蚀后所得样品的X射线衍射花样中Fe_2P的特征峰消失，只剩下宽的碳峰。同时，透射电镜图上[图5－13(b)]不再能观察到Fe_2P纳米颗粒。采用XPS全谱分析[图5－13(c)]，刻蚀后样品表面检测不到Fe信号。XPS是一种表面分析技术，探测深度有限，为了更准确地确定样品中Fe是否刻蚀完全，进一步采用电感耦合等离子体原子发射光谱(ICP－AES)分析。ICP结果(表5－3)显示，刻蚀前MIL－88B－NH_2@PZS－900中Fe含量为26.07%，刻蚀后变为0，说明样品中的Fe物种已被完全除去。将刻蚀后的样品用于硝基苯的选择性加氢反应，催化剂不再具有催化活性。以上结果表明，在MIL－88B－NH_2@PZS－900中，能够催化硝基苯加氢的活性物种是Fe_2P。

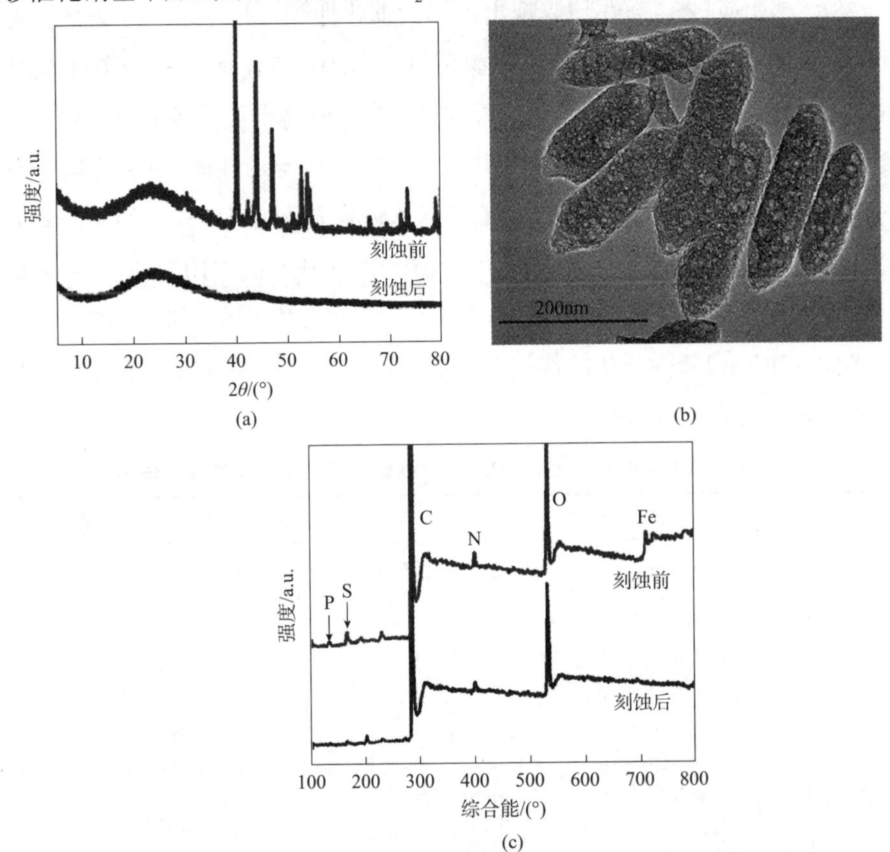

图5－13　MIL－88B－NH_2@PZS－900在刻蚀前后的XRD图(a)、MIL－88B－NH_2@PZS－900被刻蚀后的透射电镜图(b)和MIL－88B－NH_2@PZS－900在刻蚀前后的XPS全谱图(c)

表 5－3　MIL－88B－NH_2@PZS－900 在刻蚀前后 Fe 的含量　单位：%

样品	Fe 含量
MIL－88B－NH_2@PZS－900 刻蚀前	26.07
MIL－88B－NH_2@PZS－900 刻蚀后	0

5.4.2　碳包覆的磷化铁的底物扩展结果及分析

5.4.2.1　底物拓展结果

在前文研究的基础上，以 MIL－88B－NH_2@PZS－900 为最优催化剂，研究其催化含有不同取代基的硝基芳烃选择性加氢的性能。如表 5－4 所示，当硝基苯上含有—Cl、—OH、n—C_4H_9、—OCH_3、—$COOC_2H_5$、—$COCH_3$ 等取代基时，MIL－88B－NH_2@PZS－900 均表现出优异的催化性能，并且以—Cl 为例，无论取代基位于硝基的邻位还是对位，底物在 MIL－88B－NH_2@PZS－900 上均可以获得较高的转化率，对目标产物的选择性也保持在较高水平。特别是，当硝基苯上含有强竞争基团乙烯基时，该催化体系仍可获得优异的性能，3－乙烯基硝基苯的转化率为 93%，对目标产物 3－乙烯基苯胺的选择性达 87%。当硝基苯上同时含有两种取代基如—Cl 和—CF_3、—NH_2 和—CH_3 时，MIL－88B－NH_2@PZS－900 的催化性能依然优异。此外，对于复杂的硝基芳烃，如 2－硝基芴，在 MIL－88B－NH_2@PZS－900 的作用下依然可以获得令人满意的结果，反应的转化率为 96%，选择性达 99% 以上。

表 5－4　MIL－88B－NH_2@PZS－900 对不同硝基芳烃的催化结果

序号	底物	产物	时间/h	转化率/%	选择性/%
1	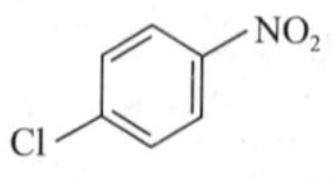 Cl, NO_2	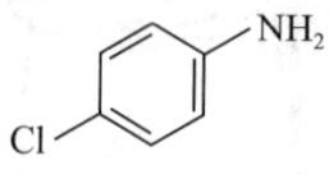 Cl, NH_2	12	>99	96
2	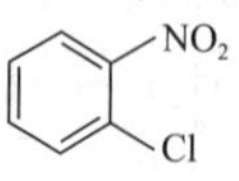 NO_2, Cl	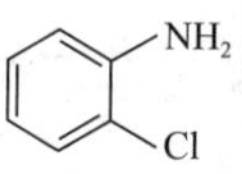 NH_2, Cl	12	>99	>99
3	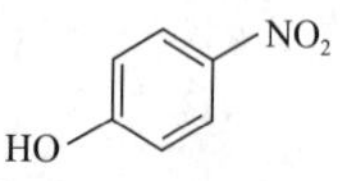 HO, NO_2	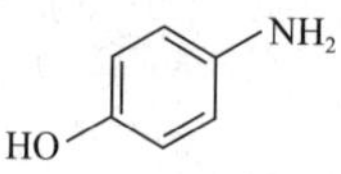 HO, NH_2	12	>99	>99

续表

序号	底物	产物	时间/h	转化率/%	选择性/%
4	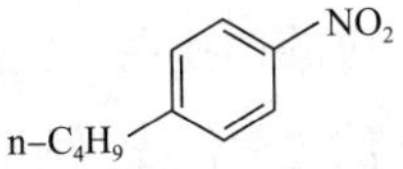 NO_2 n-C_4H_9	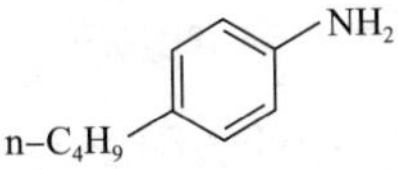 NH_2 n-C_4H_9	12	>99	98
5	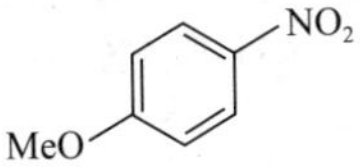 NO_2 MeO	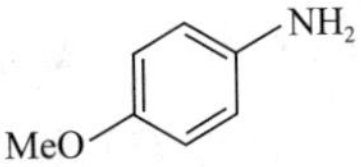 NH_2 MeO	15	>99	85
6	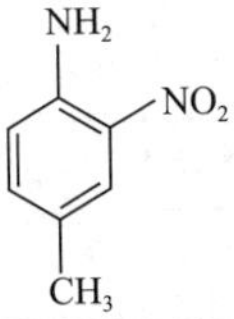 NH_2 NO_2 CH_3	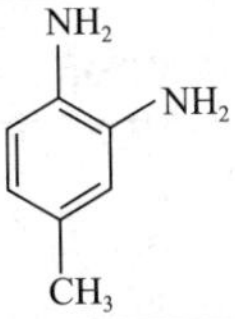 NH_2 NH_2 CH_3	12	96	>99
7	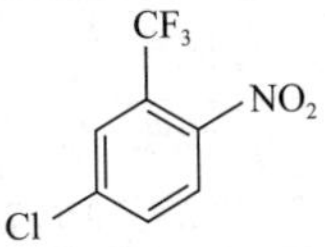 CF_3 NO_2 Cl	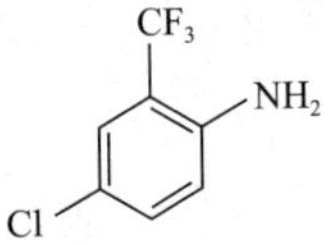 CF_3 NH_2 Cl	12	97	>99
8	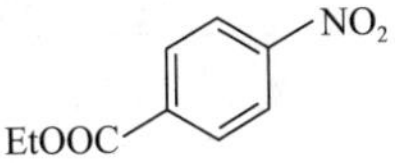 NO_2 EtOOC	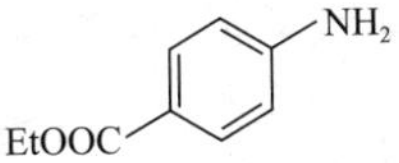 NH_2 EtOOC	20	89	99
9	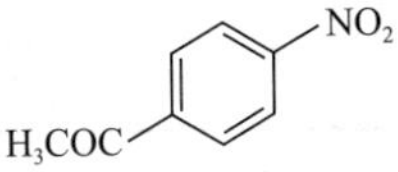 NO_2 H_3COC	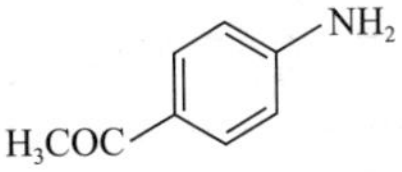 NH_2 H_3COC	20	83	91
10	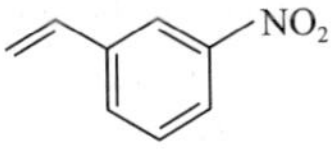 NO_2	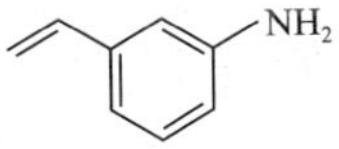 NH_2	15	93	87
11	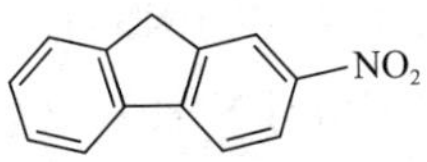 NO_2	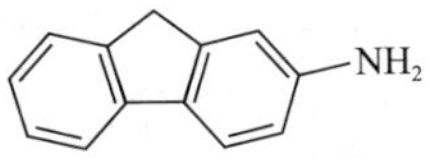 NH_2	12	96	>99

注：反应条件：催化剂(10mg)，底物(0.5mmol)，溶剂(6mL，水和四氢呋喃体积比为1：1)，120℃，H_2(5MPa)。

5.4.2.2 反应选择性分析

对 MIL-88B-NH_2@PZS-900 表现出来的优异的选择性，从各基团的键能数据上可窥一二。如表 5-5 所示，对于苯环上带有其他取代基的硝基芳烃来说，—NO_2 中 N—O 键断裂所需要的能量小于其他官能团上的键断裂所需要的能量，因此—NO_2 更容易被氢气还原为 -NH_2。对于贵金属催化剂来说，往往具有很高的催化活性，在完成硝基的催化加氢后，还可以催化其他官能团的加氢或者是脱除，从而导致反应的选择性很低。在碳包覆的磷化铁体系中，Fe_2P 的催化活性相对来说比较温和，在相应的反应条件下，只够催化硝基的还原，因而选择性较高。但是除了键能的差异，还有很多因素可以影响一个反应的选择性。例如，催化剂对同一个反应物分子上不同的官能团的吸附能力不同。催化剂优先吸附哪种官能团也会影响反应的选择性。这就解释了为什么 MIL－88B－NH_2@PZS－900 对 4－硝基苯甲醚和 3－硝基苯乙烯的催化选择性不如其他底物。

表 5－5　硝基芳烃相关键数据表　　单位：eV

结合能		结合能	
O N—O	391. 5 ±8	nC_4H_9	420. 9 ±4. 2
Cl	399. 6 ±6. 3	OCH_3	416. 7 ±5. 9
OH	463. 6 ±4. 2	CF_3	463. 6 ±4. 2
C═C	611	C═C	728

5. 4. 3　碳包覆的磷化铁的稳定性

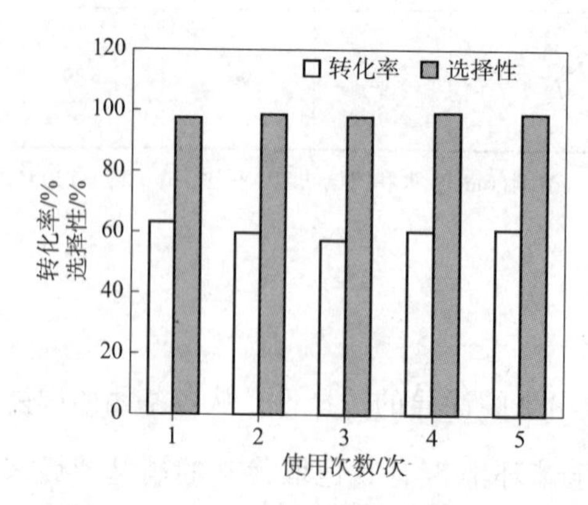

图 5－14　MIL－88B－NH_2@PZS－900 的循环使用性能

将过渡金属磷化物限制在石墨烯等壳层的内部，可以使其具有良好的稳定性。因此，除了反应的活性和选择性，本研究中还考察了 MIL－88B－NH_2@PZS－900 的稳定性。由于反应 12h 时，硝基苯在催化剂上发生加氢反应的转化率和选择性均在 99% 以上，为了保证 MIL－88B－NH_2@PZS－900 的活性已充分发挥，在稳定性测试中将反应时间缩短为 6h。如图 5－14 所示，催化剂第一次使用时，反应的转化率为 63. 4%，选择性为 97. 8%。回收催化剂，重复使用的过程中，转化率在第二次和第三次时稍有下降，但仍都维持在57%以上。在第四次和第五次使用时，催化剂活性又基本恢复到第一次时的水平。整个过程中，反应的选择性均保持在较高的水平，基本无变化。

进一步使用X射线光电子能谱(图5－15)研究发现，高分辨Fe 2p谱和P 2p谱变化较小，几乎所有的峰得以保持。以上结果说明，构筑磷化铁的核壳结构，使其被碳壳包覆，的确有助于其获得良好的稳定性。

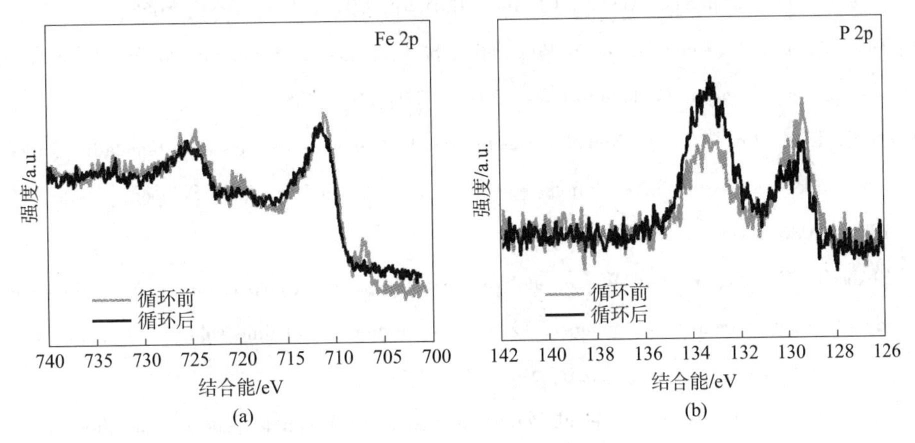

图5－15 MIL－88B－NH_2@PZS－900循环使用前后的Fe2p谱和P2p谱

5.5 小结

本部分研究中，以铁的金属有机框架化合物MIL－88B－NH_2为内核，包覆PZS后构筑了MIL－88B－NH_2@PZS核壳结构复合材料，经氩气900℃煅烧，合成了碳壳包覆的磷化铁纳米催化剂。在MIL－88B－NH_2@PZS高温煅烧的过程中，PZS有两方面的作用：①充当磷源，即PZS中的磷原子和MIL－88B－NH_2中的铁原子发生化学反应，生成Fe_2P；②充当碳源，PZS壳层碳化后形成具有一定石墨化程度的碳壳包覆在Fe_2P的表面。这种制备方法将Fe原子和P原子的反应限制在壳层内部，可以更加有效地控制磷化铁的生成。将碳壳包覆的磷化铁纳米催化剂用于硝基苯及其衍生物的选择性加氢反应，表现出优异的活性、选择性和稳定性。

参考文献

[1] Shi Y, Zhang B. Recent advances in transition metal phosphide nanomaterials: synthesis and applications in hydrogen evolution reaction[J]. Chemical Society Reviews, 2016, 45: 1529 – 1541.

[2] Carenco S, Portehault D, Boissiere C, et al. Nanoscaled metal borides and phosphides: recent developments and perspectives[J]. Chemical Reviews, 2013, 113: 7981 – 8065.

[3] Yuan Y, Pei H, Chen H, et al. Preparation of Fe_2P and FeP catalysts for the hydrotreating reactions[J]. Catalysis Communications, 2017, 100: 202 – 205.

[4] Du Y, Li Z, Liu Y, et al. Nickel – iron phosphides nanorods derived from bimetallic – organic frameworks for hydrogen evolution reaction [J]. Applied Surface Science, 2018, 457: 1081 – 1086.

[5] Zhao D, Sun K, Cheong W, et al. Synergistically interactive pyridinic – N – MoP sites: identified active centers for enhanced hydrogen evolution in alkaline solution[J]. Angewandte Chemie International Edition, 2020, 59: 8982 – 8990.

[6] Yang J, Zhang F, Wang X, et al. Porous molybdenum phosphide nano – octahedrons derived from confined phosphorization in UiO – 66 for efficient hydrogen evolution[J]. Angewandte Chemie International Edition, 2016, 55: 12854 – 12858.

[7] Zhang G, Wang G, Liu Y, et al. Highly active and stable catalysts of phytic acid – derivative transition metal phosphides for full water splitting[J]. Journal of the American Chemical Society, 2016, 138: 14686 – 14693.

[8] Ye S, Feng J, Li G. Pd nanoparticle/CoP nanosheet hybrids: highly electroactive and durable catalysts for ethanol electrooxidation[J]. ACS Catalysis, 2016, 6: 7962 – 7969.

[9] Callejas J F, Read C G, Popczun E J, et al. Nanostructured Co_2P electrocatalyst for the hydrogen evolution reaction and direct comparison with morphologically equivalent CoP[J]. Chemistry of Materials, 2015, 27: 3769 – 3774.

[10] Shi S, Sun C, Yin X, et al. FeP quantum dots confined in carbon – nanotube – grafted P – doped carbon octahedra for high – rate sodium storage and full – cell applications[J]. Advanced Functional Materials, 2020, 30: 1909283.

[11] Zhang R, Zheng J, Chen T, et al. RGO – wrapped Ni – P hollow octahedrons as noble – metal – free catalysts to boost the hydrolysis of ammonia borane toward hydrogen generation[J]. Journal of Alloys and Compounds, 2018, 763: 538 – 545.

[12] Sharma D, Choudhary P, Kumar S, et al. Transition metal phosphide nanoarchitectonics for versatile organic catalysis[J]. Small, 2023, 19: 2207053.

[13] Park J, Koo B, Hwang Y, et al. Novel synthesis of magnetic Fe_2P nanorods from thermal decomposition of continuously delivered precursors using a syringe pump[J]. Angewandte Chemie International Edition, 2004, 116: 2332 – 2335.

[14] Qian C, Kim F, Ma L, et al. Solution – phase synthesis of single – crystalline iron phosphide nanorods/nanowires[J]. Journal of the American Chemical Society, 2004, 126: 1195 – 1198.

[15] You B, Jiang N, Sheng M, et al. High – performance overall water splitting electrocatalysts derived from cobalt – based metal – organic frameworks[J]. Chemistry of Materials, 2015, 27: 7636 – 7642.

[16] You B, Jiang N, Sheng M, et al. Hierarchically porous urchin – like Ni_2P superstructures supported on nickel foam as efficient bifunctional electrocatalysts for overall water splitting[J]. ACS Catalysis, 2016, 6: 714 – 721.

[17] Sun Y, Zhang T, Li X, et al. Bifunctional hybrid Ni/Ni_2P nanoparticles encapsulated by graphitic carbon supported with N, S modified 3D carbon framework for highly efficient overall water splitting[J]. Advanced Materials Interfaces, 2018, 5: 1800473.

[18] Asnavandi M, Suryanto B, Yang W, et al. Dynamic hydrogen bubble templated NiCu phosphide electrodes for pH – insensitive hydrogen evolution reactions[J]. ACS Sustainable Chemistry and Engineering, 2018, 6: 2866 – 2871.

[19] Liu Y, McCue A, Li D. Metal phosphides and sulfides in heterogeneous catalysis: electronic and geometric effects[J]. ACS Catalysis, 2021, 11: 9102 – 9127.

[20] Xu Y, Wu R, Zhang J, et al. Anion – exchange synthesis of nanoporous FeP nanosheets as electrocatalysts for hydrogen evolution reaction [J]. Chemical Communications, 2013, 49: 6656 – 6658.

[21] Zhang Y, Zhang H, Feng Y, et al. Unique Fe_2P nanoparticles enveloped in sandwichlike graphited carbon sheets as excellent hydrogen evolution reaction catalyst and lithium – ion battery anode[J]. ACS Applied Materials and Interfaces, 2015, 7: 26684 – 26690.

[22] Liu Y, Zhu Y, Shen J, et al. CoP nanoparticles anchored on N, P – dual – doped graphene – like carbon as a catalyst for water splitting in non – acidic media[J]. Nanoscale, 2018, 10: 2603 – 2612.

[23] Yan L, Jiang H, Xing Y, et al. Nickel metal – organic framework implanted on graphene and incubated to be ultrasmall nickel phosphide nanocrystals acts as a highly efficient water splitting

electrocatalyst[J]. Journal of Materials Chemistry A, 2018, 6: 1682 - 1691.

[24] Huang X, Wu D, Cheng D. Porous Co_2P nanowires as high efficient bifunctional catalysts for 4 - nitrophenol reduction and sodium borohydride hydrolysis[J]. Journal of Colloid and Interface science, 2017, 507: 429 - 436.

[25] Yang S, Peng L, Oveisi E, et al. MOF - derived cobalt phosphide/carbon nanocubes for selective hydrogenation of nitroarenes to anilines[J]. Chemistry - A European Journal, 2018, 24: 4234 - 4238.

[26] Song T, Ren P, Ma Z, et al. Highly dispersed single - phase Ni_2P nanoparticles on N, P - codoped porous carbon for efficient synthesis of N - heterocycles[J]. ACS Sustainable Chemistry and Engineering, 2019, 8: 267 - 277.

[27] Cui X, Ren P, Deng D, et al. Single layer graphene encapsulating non - precious metals as high - performance electrocatalysts for water oxidation[J]. Energy and Environmental Science, 2016, 9: 123 - 129.

[28] Chen W, Santos E J, Zhu W, et al. Tuning the electronic and chemical properties of monolayer MoS_2 adsorbed on transition metal substrates[J]. Nano Letters, 2013, 13: 509 - 514.

[29] Zhuang M, Ou X, Dou Y, et al. Polymer - embedded fabrication of Co_2P nanoparticles encapsulated in N, P - doped graphene for hydrogen generation[J]. Nano Letters, 2016, 16: 4691 - 4698.

[30] Deng J, Deng D, Bao X. Robust catalysis on 2D materials encapsulating metals: concept, application, and perspective[J]. Advanced Materials, 2017, 29: 1606967.

[31] Uosaki K, Elumalai G, Noguchi H, et al. Boron nitride nanosheet on gold as an electrocatalyst for oxygen reduction reaction: theoretical suggestion and experimental proof[J]. Journal of the American Chemical Society, 2014, 136: 6542 - 6545.

[32] Dai X, Li Z, Ma Y, et al. Metallic cobalt encapsulated in bamboo - like and nitrogen - rich carbonitride nanotubes for hydrogen evolution reaction[J]. ACS Applied Materials and Interfaces, 2016, 8: 6439 - 6448.

[33] Chung D Y, Jun S W, Yoon G, et al. Large - scale synthesis of carbon - shell - coated FeP nanoparticles for robust hydrogen evolution reaction electrocatalyst[J]. Journal of the American Chemical Society, 2017, 139: 6669 - 6674.

[34] Zhao S, Yin H, Du L, et al. Carbonized nanoscale metal - organic frameworks as high performance electrocatalyst for oxygen reduction reaction[J]. ACS Nano, 2014, 8: 12660 - 12668.

[35] Zhong H, Wang J, Zhang Y, et al. ZIF - 8 derived graphene - based nitrogen - doped porous

carbon sheets as highly efficient and durable oxygen reduction electrocatalysts[J]. Angewandte Chemie International Edition, 2014, 53: 14235 - 14239.

[36] Yang J, Ouyang Y, Zhang H, et al. Novel Fe_2P/graphitized carbon yolk/shell octahedra for high - efficiency hydrogen production and lithium storage[J]. Journal of Materials Chemistry A, 2016, 4: 9923 - 9930.

[37] Zhao Y, Lai Q, Zhu J, et al. Controllable construction of core - shell polymer @ zeolitic imidazolate frameworks fiber derived heteroatom - doped carbon nanofiber network for efficient oxygen electrocatalysis[J]. Small, 2018, 14: 1704207.

[38] Xia W, Tang J, Li J, et al. Defect - rich graphene nanomesh produced by thermal exfoliation of metal - organic frameworks for the oxygen reduction reaction [J]. Angewandte Chemie International Edition, 2019, 58: 13488 - 13493.

[39] Deng D, Novoselov K S, Fu Q, et al. Catalysis with two - dimensional materials and their heterostructures[J]. Nature Nanotechnology, 2016, 11: 218 - 230.

[40] Fan X, Kong F, Kong A, et al. Covalent porphyrin framework - derived Fe_2P@ Fe_4N - coupled nanoparticles embedded in N - doped carbons as efficient trifunctional electrocatalysts[J]. ACS Applied Materials and Interfaces, 2017, 9: 32840 - 32850.

[41] Zhang L, Tang Y, Liu Z, et al. Synthesis of Fe_2P coated $LiFePO_4$ nanorods with enhanced Li - storage performance[J]. Journal of Alloys and Compounds, 2015, 627: 132 - 135.

[42] Yang S, Peng L, Huang P, et al. Nitrogen, phosphorus, and sulfur co - doped hollow carbon shell as superior metal - free catalyst for selective oxidation of aromatic alkanes[J]. Angewandte Chemie International Edition, 2016, 55: 4016 - 4020.

[43] Liu M, Yang L, Liu T, et al. Fe_2P/reduced graphene oxide/ Fe_2P sandwich - structured nanowall arrays: a high - performance non - noble - metal electrocatalyst for hydrogen evolution [J]. Journal of Materials Chemistry A, 2017, 5: 8608 - 8615.

[44] Formenti D, Ferretti F, Scharnagl F K, et al. Reduction of nitro compounds using 3d - non - noble metal catalysts[J]. Chemical Reviews, 2019, 119: 2611 - 2680.

[45] Gao R, Pan L, Wang H, et al. Ultradispersed nickel phosphide on phosphorus - doped carbon with tailored d - band center for efficient and chemoselective hydrogenation of nitroarenes[J]. ACS Catalysis, 2018, 8: 8420 - 8429.

[46] Jin H, Li P, Cui P, et al. Unprecedentedly high activity and selectivity for hydrogenation of nitroarenes with single atomic Co1 - N_3P_1 sites[J]. Nature Communications, 2022, 13: 723.

[47] Blaser H - U, Steiner H, Studer M. Selective catalytic hydrogenation of functionalized

nitroarenes: an update[J]. ChemCatChem, 2009, 1: 210 - 221.

[48] Cantillo D, Baghbanzadeh M, Kappe C O. In situ generated iron oxide nanocrystals as efficient and selective catalysts for the reduction of nitroarenes using a continuous flow method[J]. Angewandte Chemie International Edition, 2012, 51: 10190 - 10193.

[49] Sun X, Olivos - Suarez A I, Osadchii D, et al. Single cobalt sites in mesoporous N - doped carbon matrix for selective catalytic hydrogenation of nitroarenes[J]. Journal of Catalysis, 2018, 357: 20 - 28.

[50] Yang F, Wang M, Liu W, et al. Atomically dispersed Ni as the active site towards selective hydrogenation of nitroarenes[J]. Green Chemistry, 2019, 21: 704 - 711.

[51] Jagadeesh R V, Surkus A - E, Junge H, et al. Nanoscale Fe_2O_3 - based catalysts for selective hydrogenation of nitroarenes to anilines[J]. Science, 2013, 342: 1073 - 1076.

[52] 杨萍，刘敏节，张昊，等．硝基芳烃与醇还原胺化：催化剂和催化机制[J]．化学进展，2020，32：72 - 83.

[53] Zhang L, Zhou M, Wang A, et al. Selective hydrogenation over supported metal catalysts: from nanoparticles to single atoms[J]. Chemical Reviews, 2020, 120: 683 - 733.

[54] Corma A, Serna P. Chemoselective hydrogenation of nitro compounds with supported gold catalysts[J]. Science, 2006, 313: 332 - 334.

[55] Wei H, Liu X, Wang A, et al. FeO_x - supported platinum single - atom and pseudo - single - atom catalysts for chemoselective hydrogenation of functionalized nitroarenes[J]. Nature Communications, 2014, 5: 5634.

[56] Westerhaus F A, Jagadeesh R V, Wienhofer G, et al. Heterogenized cobalt oxide catalysts for nitroarene reduction by pyrolysis of molecularly defined complexes[J]. Nature Chemistry, 2013, 5: 537 - 543.

[57] 罗渝然．化学键能数据手册[M]．北京：科学出版社，2005.

[58] Liu L, Concepción P, Corma A. Non - noble metal catalysts for hydrogenation: a facile method for preparing co nanoparticles covered with thin layered carbon[J]. Journal of Catalysis, 2016, 340: 1 - 9.

[59] Gao R, Pan L, Wang H, et al. Breaking trade - off between selectivity and activity of nickel - based hydrogenation catalysts by tuning both steric effect and d - band center[J]. Advanced Science, 2019, 6: 1900054.